My Secret Garden

我的
秘密花园

花 也 编 辑 部 编

V

中国林业出版社
China Forestry Publishing House

图书在版编目（CIP）数据

我的秘密花园 V / 花也编辑部编 . –– 北京 : 中国

林业出版社 , 2022.7

ISBN 978-7-5219-1660-7

Ⅰ . ①我… Ⅱ . ①花… Ⅲ . ①花园—园林设计 Ⅳ .

① TU986.2

中国版本图书馆 CIP 数据核字 (2022) 第 073175 号

责任编辑：印　芳　邹　爱

出版发行：中国林业出版社

　　　　　　（100009 北京西城区刘海胡同 7 号）

　　　　　　http://www.forestry.gov.cn/lycb.html

电　　话：010-83143565

印　　刷：北京博海升彩色印刷有限公司

版　　次：2022 年 7 月第 1 版

印　　次：2022 年 7 月第 1 次

开　　本：710mm×1000mm 1/16

印　　张：14

字　　数：284 千字

定　　价：78.00 元

一座座花园，一幕幕美好 | 前言

对一个花园主人来说，自己的花园永远是最美的，因为花园里的一境一景都是精心布置，一草一木都是用心养护的。我们爱花园就像爱着自己的孩子，看着它在四季变换中一点点成长起来。我们浇水施肥修剪，把植物养得壮壮的，花园也一如期待地绽放，带给我们美好的感受。永远在折腾，这里需要调整，那里还要改进，过一段时间花园又变了样子。其实，没有完美，记录过程的美好就是对花园四季努力绽放的交代了。

所以这本书的魅力，不在于我们分享的花园多么精美，布局多么合理，植物如何呈现最美的状态，而是跟着园主，走进时光里，看一个个花园成长的故事。

景德镇的小涛租下乡下荒废的破屋，把屋外的荒地建成了他梦想中的自然风花园；广东中山吉米的高空花园，每次台风袭来都被摧毁，他毫不气馁地一次次重建美丽；西双版纳的小马哥，种上更多适合本地气候的植物，养护变得简单的同时，生态也更好了，连树蛙都来到了他的乡野花园里；成都的溪姐，为了花园搬到了乡下生活，收集旧砖旧门框，布置在自家的花园里；湖北的花间，在没水没电的荒地上一点点摸索着造园，运材料的独轮车都用废了两个……

伴着这些娓娓道来的故事，我们像是在看一帧帧的电影镜头，看到主人在花园里挥汗劳作，看着花园从荒芜变得美丽，那些花园似乎更加鲜活生动了。

在编辑的过程中，打动我的还有很多花园背后的故事。浙江诸暨的小2哥把无界花园变成社区共享花园，成都的格子姐疫情期间带着邻居们把家家户户门口的绿地都种上了花；从上海辞职去黄山的琶姐，在造园的过程中，爱上这块土地和文化，也和老乡们建立了深厚的感情；长沙的姚佐春，因为花园治好了自己的重度抑郁症，同时也把鲜花农场分享给更多的人；还有很多园主在打理自家花园的过程里成长为设计师，帮助更多的人打造美丽的花园……

花园不仅是我们选择的生活方式，它还帮助我们成长，改变人生，实现理想。

《我的秘密花园》系列就是记录这些花园的故事，和大家一起分享，也共同成长。

花也主编

2022 年 5 月 3 日

目录

在 34 楼顶上种花，挑战高难度

图文 | 仙呈　　**编辑** | 玛格丽特 – 颜

主人：仙呈
面积：100 平方米
坐标：湖北荆门

高空屋顶花园确实是一项挑战，我一直在不断
尝试及折腾中，迄今，花园也只能算是半成品。
而在每天的种花和拍摄记录中，成就的不仅是
花园的美丽，还有我生活方式的变化。

十年前入了多肉坑便一发不可收拾，疯狂去各地买多肉

又大又厚的雪下孕育着春天的力量

站在34楼顶上，常常有一览众山小的感觉。伴着清晨的朝霞和傍晚漫天的云彩，风起云涌一览无余，天地之间像是只有我和我的空中花园。

这个冬天的雪下得有点大，空中花园雪也似乎积得更厚，化得更晚。格外珍惜这一片洁白和白雪下孕育着的春天的力量，也感恩花园的陪伴和共同成长。

狂热花痴路
从阳台党到办公区盆栽花园到租地种花

和很多花友一样，十年前还只有带防盗网阳台的我入了多肉坑，一发不可收拾。疯狂地到各地去买多肉，去福建和云南寻找多肉的源头集聚地，去看多肉展览，甚至还特意去多肉公司去学习种植养护。

后来忍受不了只有这么有限的空间养花，便去自家公司工地的办公区建了一个临时的盆栽花园，种植的植物也从多肉发展到更多花园植物。然而，随着工地办公场所的N次搬迁，每一次我的盆栽花园都需要跟着迁移，感觉那几年不是在搬花盆就是在搬花盆的过程中。

　　实在太憋屈了，就去租了一小块地，终于我这个狂热的花痴有了一处好好折腾的地儿了。

　　我到现在都还记得第一次脚踩泥土，用铲子挖泥土种花时那种酣畅淋漓的感觉。我把那几年流行的花园植物：月季、绣球、铁线莲、百合等全部尝试种了个遍。春天花季时，源源不断地剪了花带回家插花瓶里，能切花自由的感觉真好。虽然租地养花，每天跑来跑去很辛苦，也丝毫没抵挡我养花的热情。

　　租地养花一共花了两年多时间，我一直在等新房盖好，那里有个大屋顶，会有一片真正属于我自己的花园！

俯瞰屋顶花园，郁郁葱葱，丝毫不畏烈日暴晒　　　　　郁金香、水仙花一派春意盎然的景象

挑战高难度
在大风暴晒的屋顶做种植试验

从可以进场装修开始，我便开始把租地花园的植物们一盆一盆往楼顶上搬。我花了一年的时间做试验，从春天到冬天，观察记录花园四季的光照和变化，还有大风天植物的耐受程度。

期间我也多次去学习造园课程，参加开放花园游，到各地去参观请教。很多朋友听说我的花园位于34楼，都大吃一惊，告诉我高层屋顶养花可能比地面要难三倍，我也是心里直打鼓。

确实高层的顶楼对种花很不友好，太阳暴晒不说，风实在太大。记得在4月下旬，一夜的大风呼啸着，把月季所有的花苞全部破坏，铁线莲的新枝嫩芽全被抽干！

最终，经过一年的试验，我淘汰了很多植物，爬藤的月季、铁线莲不得不放弃，夏天不耐晒的大花绣球们也得淘汰，还有生长迅速的锦带花，风一吹非常容易倒伏的大花芙蓉葵和'桃子与梦'蜀葵等，全部告别了屋顶花园，把它们转送给了花友。

光照充足、风大，但自然筛选后的植物更适合这片高地

我也根据对植物生长的观察，重新定位调整，布置到最适合它们生长的位置：比如将栎叶绣球从日照充足的地方调整到了半日照的位置，半阴位置的'菲油果'则调整到全日照的花池中间。中间花池的风最大，于是避免种高秆的容易倒伏的植物。

在不断试错和调整中，慢慢找到适合高层屋顶花园的植物和种植方式。

【 高空花园备忘录 】

1. 光照好，通风好，花比同城开得更早。

2. 植物品种多样，土壤健康，营造高空花园的小生态。壁虎特别多，还有蜜蜂、瓢虫、螳螂、喜鹊等，当然也会有蚜虫、天牛……

3. 屋顶三面做了2米高的白色围栏，遮挡并增高了原来的墙体，也起到了一定的挡风作用。实用美观兼顾。

屋顶花园面积虽不大，但植物品类丰富，功能分区较全

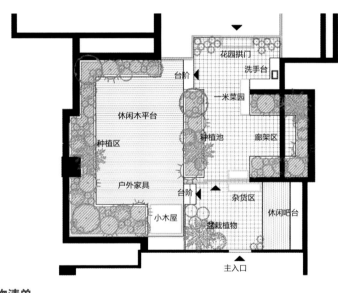

屋顶花园设计图

屋顶花园的布局及植物清单

屋顶花园面积不大，分区布局主要是为种花，错落着留白，在宽敞区布置休憩的空间。分为休闲木平台区、盆栽植物、杂货区、一米菜园和廊架区。

【木平台区】

三遍墙面防水
阻根板
墙
土层
泥炭 椰糠 沙 园土
缓释肥 珍珠岩
粗椰壳
土工布
排水滤水板
阻根板
三遍防水
楼板
滤水 排水管

施工图

屋顶北侧是木平台区，整体抬高了约50厘米，边上砌了花池种花，也作为花园的分区。花池最窄的地方只有0.7米，最宽的有1.5米。

花池里当时用了大量的泥炭、营养土、腐殖质，好的土壤是种好植物的关键。

花池底下做了防水阻根层、滤水排水层，不会影响屋顶的建筑地坪；深度有65厘米，可以种植一些体型不大的树木。另外，花池边缘比木平台高出10厘米，也便于花草的种植和观赏。

屋顶花园植物种类多，高低错落有致，四季有花可赏

【花池植物清单】

骨架植物：橄榄树，蓝冰柏，中华木绣球，樱花，菲油果；

中层半高的宿根植物：栎叶绣球'雪花''红宝石拖鞋''小丑'火棘、百子莲、绿杉、小盼草、百合、菱叶绣线菊；

下层低矮的宿根植物：常春藤、花叶吴风草、玉簪、铁筷子、大滨菊、羽毛草；点缀一二年生草花及球根植物：奥莱芹、洋甘菊、洋水仙、郁金香、香豌豆、起绒草。

左页　　用白色架子搭起一个杂货区，将小铁壶都挂在里曲

右页左　　白色木栅栏将此处与木平台区隔开

右页右　　花团锦簇配上喜欢的太阳能灯，在夜晚也能欣赏如此浪漫的景致

【 盆栽杂货区 】

杂货区就在室内进入花园的位置，坐在客厅里就能看到整个景致。

地面铺的是深灰色火山石，不会积水不会打滑，靠墙还有一个操作台。

这里和木平台区有白色木栅栏相隔，两侧都被我布置成了杂货风格。

杂货搭配看起来是随意摆放，其实也要和花草盆器巧妙和谐搭配，杂而不乱，我也在一直不断地买买买，努力学习搭配，给花园加分。

我喜欢各种小杂货，角落做了一个白色小木屋，便是为杂货和盆栽们布置的。我还收集了很多铁皮水壶，挂在我的小木屋里面。

也特别喜欢买太阳能灯，放在花园光线好的地方，白天吸收阳光，晚上自己发光，让整个花园夜里都亮了起来。

之前还尝试在屋顶养小兔子，可惜都没有养大，于是买了一些小兔子铁艺花插，插在花盆里一年四季都很好看。

杂货区旁一个白色休闲椅和一个三角形架子，挂上星星、月亮的灯串，也是我非常喜欢的区域。

　　盆栽杂货区上层种了两棵大的橄榄树，一棵棒棒糖形，一棵自然形，还有一棵塔形的金蜀桧做骨架，稍矮一点的有绿杉、狐尾天门冬、几棵小香松棒棒糖、迷迭香棒棒糖。这些常绿的小盆栽构筑了杂货区的整体风格。

　　其他盆栽都是四季变换的，早春的球根，夏日里的百日草，秋天最美的是那盆杏色飘香藤，而冬日里几盆铁筷子开得很完美！

【屋顶花园保持整洁的秘诀】

1. 规划苗区，等苗状态长好了换好看的盆摆在醒目位置。

2. 统一盆器，推荐红陶和铁艺花盆。

3. 在盆土表面铺面，椰丝和苔藓都是很好的铺面材料。

4. 屋顶空间有限，不妨多种植物做组合盆栽，节省空间。

左页 杂货盆栽区植物多种多样，傍晚在星星、月亮灯的映衬下如梦似幻

右页 自给自足的菜园，每日可以采食自己亲手栽种的瓜果蔬菜

【一米菜园】

在屋顶花园里，我还特别布置了一小块菜地，网购的一米菜园组装非常方便。

我种了一些泡泡甘蓝、薄荷、菠菜、生菜、香菜、西红柿等。不大的菜园，顿时让我的早餐食材丰富了起来，现摘现吃，健康又美味。

夏末蔬菜空闲的时候，还播种了一批向日葵，整个露台花园都因为它们硕大耀眼的花朵而灿烂了起来。

这片区域目前主要用于小苗种植和换季植物养护

【廊架区】

因为屋顶的造型墙不能改变，而南边的墙有3米高，影响了光照。这一处廊架下的花池我只种了一棵'橙之梦'枫树，以及稍耐阴的铁筷子和玉簪，这块区域暂时作为小苗种植和换季的植物养护区，将来再进一步调整。

就像拿望远镜的青蛙一样，每天清晨，我都会巡视每一棵植物

结语

有一个爱好，并保持几十年的热情，其实是一种幸福。

从阳台到租地到现在的高空屋顶花园，我一直都如此热爱。

每天早晨，我都会迫不及待地奔向屋顶花园，巡视每一棵植物，

看它们长得怎样，每一点小变化都能成为一天开心的源泉。

四季轮回，万物生长，

生活凡细碎，花园诗意悠长。

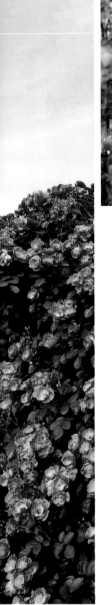

用一朵花治愈了抑郁症

图文—姚佐春　编辑—阿风

禾润农场（花园农场）
主人：姚佐春
面积：50 亩
坐标：湖南长沙

每个人都有自己的深渊，每个人都有可能被自己禁锢。
当亲近大自然，亲吻那些美好的向上的事物，
一朵花、一寸土、一捧水，都在疗愈着我们。

每一朵花的绽放都与人的心灵沟通

用一朵花开：治愈我的重度抑郁症

> 是一朵花开让我明白，其实每个人都有自己的深渊，每个人都有可能被自己禁锢，而这个时候我们就更需要去亲近大自然，亲吻那些美好的向上的事物，一朵花、一寸土、一捧水，心怀感恩。

——园主：姚佐春

我曾是一名律师，是一个拥有理想主义情怀的正义斗士。在高校读书的时候就曾联合公安铲除一涉黑团伙，还为吴玉鑫死亡案翻案，我参与的很多案件被中国知网、北大法意网收录为经典案例。

大概是过于追求完美，且又不愿妥协，几年的律师生涯让我最终深陷重度抑郁症中，在支付昂贵的医药费后，失去工作的同时也变得身无分文。

2012年，极度绝望中的我在长沙郊区沙坪附近找了一块荒地，打算就这样荒度余生。然而，我发现，自全部精力都投入在园艺之后，抑郁症竟悄然自愈了。

园艺是一种生活方式，是一种信念，也是一种疗愈。

月季廊架下铺着碎石和汀石，设席其
间，近睹其姿容，享受着穿过叶片的
阳光

"雨润万物，禾长花香"

为了感谢雨水对万物的滋润，使植物茁壮的成长、花香四溢，我将这个园子取名为："禾润农场"。

禾润农场坐落于长沙市开福区的沙坪街道，这里也被称为"中国湘绣之乡"。农场占地面积约50亩，其中花园占地约10亩。

玫瑰区是整个花园的核心，此外还有三角梅区、百合区、大丽花区、大花绣球区、木本绣球区、尤加利区、紫藤区、英式花境区、草坪区及食材花园区等分区，各有花开，各有特色。

农场建设过程艰辛，没钱，我就去拾废品。请不起工人，就全部自己动手，起早贪黑！

父亲和叔叔也从老家赶过来帮忙，原本是乡村医生的父亲，会泥工、水电工、木工、焊工等等，几乎全能。农场里有一座古木凉亭，也是父亲从家乡的苗寨拆了一套上百年的吊脚楼重装而成。

"最开始放弃做律师，执意去租了地建农场，家人是很反对的。

现在算是中立吧，毕竟他们也意识到农场不仅是我的情怀，更是我心灵的后花园，是疗愈，也是一种信念。"

——园主：姚佐春

从最初种一些草花，到种植月季牙签苗，到实现切花自由，再到网红打卡点，花园与花园主人共同成长

三 / 爱上园艺：就这样荒度余生

从一个法学生变成一个花农，中间经历了太多艰辛，种花看似简单，但要养护好却不是一件容易的事情。

2012年，刚刚开始只是仅仅喜欢种花而在地上种了一些花草，就是一个小花圃。

2016年，开始从网上购买一些欧洲月季牙签苗过来种植。

2017年，实现切花自由，便有花友过来拜访打卡。

2018年冬天，在长沙遇见了园艺大咖玛格丽特-颜（颜老师），并在颜老师的建议和指导下开始把原有的花圃进行局部改造。

2019年3月，农场有了一个长50米的欧洲月季长廊；巧的是，花开的5月，农场最美的季节被长沙摄影协会发现，图片在网络发布

后，禾润农场瞬间成为了网红打卡点。

之后有机会跟着国内植物保护大师介鹏科和陈兴华学习，到2020年自己也成了市园林植物保护委员会成员。

建造当中遇到的困难最多的还是资金问题，所以一切以省钱为原则，很多东西——砖瓦、石头等，都是捡来的，那时候，附近的拆迁区常有我的身影出现，甚至还被误认为是收废品的人。

不怕吃苦，努力坚持，作为从湘西南大山深处走出来的孩子，坚信一切都能依靠自己，努力，以及再努努力。

但无论如何，我打算在这座鲜花盛开的生态农场里，就这样以园艺的方式生活——荒度余生。

四 农场未来：融入美学的自然回归

现代生活，人们的休闲旅游需求开始强烈，而且呈现出多样化的趋势。

花园行业注重亲身的体验和参与，"园艺文旅"近年来异常火爆，融合了园艺、观光、休闲、娱乐、度假、体验、学习，生态且健康。

禾润农场提倡自然回归、美学融入等方式，导入"纯正自然，纯粹生活"的品牌理念。

建成后的花园农场，可以尽情地享受田

左上　禾润农场入口，木栅门及茅草顶非常原始
左下　花境中盛开的各色鲜花欣欣向荣
中　　院中的木架凉亭，用白幔遮挡，于此休憩
右　　小朋友都来打卡啦

园乐趣、吃有机果蔬、住融入大自然舒适宜人的休闲木屋别墅、欣赏清新怡人的山野风光，青山绿水、鸟语花香带来的自然灵气，让人心旷神怡、流连忘返。加上中国湘绣之乡得天独厚的地理及环境优势，以及当地政府对现代农业、休闲观光、餐饮住宿、静心养生、户外体验为特色的复合型生态农业园的政策扶持……禾润农场打造融入美学的自然回归理念，未来可期！

深山里的『威斯利花园』

图文—虫虫　编辑—阿风

伴山花园
主人：虫虫
面积：2000 平方米
坐标：湖北恩施

伴山花园：2000平方米的乡村自然风花园

我是一名出生在湖北恩施大山里的80后，从小喜欢花花草草，我用两年时间，打造了一座群山环绕的花园，我为它起名叫"伴山花园"。

这座面积近2000平方米的园子，是我请挖掘机师傅，从乱石堆上开荒出来，慢慢种上植物而成的。

这个花园是斜坡状的，一级一级往上，分布有睡莲池、草坪、绣球园、玫瑰园、休闲亭、烤炉、种植区等分区。

花园进门是一个凉亭，是拆旧房子的瓦和柱子做出来的。

木匠是我的舅舅，我们家是木匠世家，上一辈可以数出来十几个木匠，都会修屋造房。建花园的时候，我让舅舅帮我做木工，建了花园椅、兔子窝、狗屋、英式风格的花园椅、工具房。

两旁的绣球花迎来送往，热闹非凡

花园入口凉亭处，我用旧门板改了桌子，放上椅子，天晴在里面躲太阳，下雨在里面听雨声。

一座花园少不了的就是月季，还有绣球。

从凉亭看过去，是我的绣球园，以无尽夏为主，绣球道上有三个月季拱门，在拱门和绣球丛中，有一座小小的白房子，这是小兔子的家。

工具房的旁边我种了一棵麻球和一棵棣棠，早春金色的棣棠开成了瀑布。

棣棠开过了麻球就开了，开始是绿色的，慢慢变成白色，和我蓝色的工具房搭在一起，特别亮眼。

我在花园里造了一个40平方米左右的睡莲池。

花园壁炉，是2020年4月开始做的，效果不错哦。平时在花园里拔的杂草，我都扔到壁炉里面烧成草木灰，又倒到地里做了肥。但是烧过就是碱性的了，还是堆肥好。

我的老祖宗88岁高龄（我爸爸的奶奶），每年一开春就帮我拔草，一直要拔到秋天。老人家总是闲不住，她说坐在家里太没意思了，要干点活才得劲，不然身上疼。她这可是帮了我的大忙，园子里的草太疯狂了，总是拔不完。

我3亩多的园子里，居然没有合适的地方做堆肥箱，无奈之下斥"巨资"买了个碧奥兰堆肥箱，不过220升毕竟还是有点小，我还是得想一个长久之计。

多肉盆栽组合区，两个可爱的小摆件像精灵一样守护着这片绿地

树上的鸟窝里有了小鸟，它们在里面孵出了小宝宝

三只小猫在石板凳上慵懒地晒着太阳

花园维护：有机路线原则

我们这里是有机茶种植基地，所谓有机，就是不打农药，不施化学肥料。伴山花园在有机茶园的中心地带，也只能走有机路线了，挂黄板，放鸟窝，养鸡，做水池引青蛙……

今年很多鸟窝里住进了小鸟，有鸟宝宝，昆虫屋也准备挂上了；我还养了十几只鸡，每天放一只进园吃虫子；睡莲池里有鱼，有很多癞蛤蟆的宝宝；小水池里有很多蝌蚪，我发现癞蛤蟆的蝌蚪是黑色的、圆润的，青蛙的蝌蚪是褐色的、细瘦的；我还亲眼见过水虿从池塘里爬起来，蜕皮变成蜻蜓。

我相信，只是需要时间，园子里的生态会越来越好。

闲暇时坐在木亭里纳凉、听雨、赏花

 造园契机：深受威斯利花园鼓舞

2010—2019年，我还在自己家的楼顶上用加仑盆种花。

偶然的机会，在网上看到一张花园图片，深深地迷住了我，那时候我就想要建一个一样的园子。随着后来了解得更多，我才知道那个园子是大名鼎鼎的威斯利花园。

虽然我建不出一座同样的花园，但是我要有属于自己的园子。2019年，父亲给了我一片近2000平方米的荒地，我终于开始了我的造园之路。

因为威斯利花园，我比较偏爱英式花园。但结果是，想象很美好，现实很残酷，我们这里的气候不是很好，很多植物死在漫长的梅雨季节。于是，我任由我的植物们自由发挥，慢慢形成了乡村自然风花园。

远处望向园子，到处是用石灰石砌的墙

两年造园历程：时间会告诉你答案

2019年4月29日，我请了一大一小两台挖掘机进场，历时一周，整个场地平出来了。

因为我们这里是典型的喀斯特地貌，青石板特别多，所以挖出了近300车石头，将这些石头弄出去是一笔不小的开支。

由于地貌的原因，没法出设计图纸，做到哪里想到哪里，往往今天想好这样做，明天施工一挖，下面是石头，挖不下去，又临时在现场改，就这样做做改改。

我还请了两个专业砌墙的师傅，原先计划用红砖砌墙的想法停了，改用青石板，从远处看，我的园子里到处是用石灰石砌的墙。因为原来的地貌是一个斜坡，土层浅，又用石头垒了墙，再挑土来填。

隔窗知夜雨，芭蕉先有声

2019年的夏天真热啊，我整个人都快黑成非洲人，开始的时候脱了一层皮，后来就黑得放光了。

2020年的雨一直下，一直下，其间很多植物都死了，雨太多了，雨一停又出大太阳，植物像被开水烫过一样，花园损失惨重。我淘汰了很多草花，转种乔灌木。

2020年夏天很颓废，一度怀疑自己能不能坚持下去，幸好我的先生一直都给我打气，他让我相信，所有的付出都有回报，只是时间问题。

历时两年，家人和我终于可以享受花园生活了！现在想来，一切都是值得的，因为时间会告诉你答案。

花园是一场生命历练的过程

图文 | 琶姐

主人：琶姐
面积：2亩半
坐标：安徽黄山

"这是一个生命历练的过程。在决定辞职来黄山的那一刻，我说我放下了功名利禄，应该没人相信，连我自己都不信。但是，在农村生活了七八年之后，特别是经历了自己打造花园的三年多时间，我是真的能做到'看淡了生死，放下了所有'。每当我坐在花园阳光房里，看着花开花落，下雨天晴，或者是看到村民带着孩子们在园子里赏花观鱼时他们喜欢的样子，我内心是愉悦的。不，那一刻，我感觉到无比的幸福。"

——琶姐

从城市到乡村，和琶村结缘

"琶姐"是我去了黄山后，朋友给我取的名字，因为定居的村子叫琶村，房子又是在村口的第一幢，便戏称自己是"琶村一姐"，简称"琶姐"，就这么叫开了。

和花园无关，我学的其实是数学和金融专业，毕业后在上海的房地产公司和外资银行工作了近三十年，也算是个高级白领。然而，日复一日的高强度工作，让我对生活渐渐厌倦和迷茫。2013年，我47岁，"我想换一种生活"的念头越来越强烈，由于之前经常带孩子和家人到黄山古村落游玩，那时候就喜欢上了黄山，埋下了退休后去那儿生活的种子。然后真的看到有外来人定居在那里，过着有山有水有竹林的踏实自在的生活，突然间，像是内心

里某种东西被点燃了，或者就像一棵树，找到了适合它生长的环境，连阳光和土壤都是令人欢喜的。于是义无反顾地辞职来到了黄山。

我所在的琶村位于黄山市徽州区西溪南镇，从京台高速徽州区岩寺出口下来，100米右拐就可以到达。房子是接手改造的一个已经倒塌的村民的房子。因为上海、黄山两头奔波，装修花了三年时间，2017年才入住。

本来想着退休养老，可是房子造好入住后，觉得自己还不老，还有精力做点事情。这时候正好房子的对面有一块多年没有人种的荒地，天天走过路过确实觉得不美观，位置就在村口。那时候村里正在搞美好乡村建设，便跟村里商量："我可以做一个花园。"

荒地上建花园

造园前我对花园完全没概念，不懂便学。关注了一些园艺相关的公众号，订了《花也》的纸质系列书回来仔细研究，后来还去参加了花也组织的开放花园游，现场看那些私家花园更让我对花园有了基本的概念，慢慢对到底要建个怎样的园子有了大致的构想："要有一个阳光房，一个有鱼的水池，一个有荷花的水塘，一口井，一个凉亭，以及很多的树和花。"把这些要素请朋友叶泳大致画了个图，就"初生牛犊不怕虎"地找工人开干了。

这块荒地是独立的，和我的房子隔着水渠和小路。整体面积差不多两亩半，形状不规则。直角的两侧在村口的路边，其余的边缘和农田相邻，有水沟隔开。本来没有地势起伏，挖鱼池的土做了堆坡，也方便造景，让花园更有层次感。

大门就设在路边，做了矮墙隔断。阳光房在园子的中间，门口木平台挑空在池塘上，池塘用大小的石块围边，营造自然风格的景观，并用石槽拼接做了水流。靠矮墙一侧抬高后用石块垒起，布置了几块种植区。大树做骨架，点缀灌木和宿根草本。

靠农田一侧可以借景，布置了水井和凉亭休憩区。

园子最里面的角落，抬高后种了一棵大的野桑树，作为园子的至高点及收口。很早从朋友那里收来的几百个老坛子罐子便堆在这里做了围挡。

就着大树灌木营造的休憩空间，地面平整下，把收来的那些旧石磨、老石础一摆，就是最自然的户外桌椅了。

花园里的动线基本是围绕池塘和几处休憩景观区安排的，碎石子铺路，收来的红麻石做汀步。

【更多造园分享】

1. 和农田的边界拓宽原有的水沟，里面还能种荷花。让园子与外部的风景自然过渡，不做作。

2. 整个园子之前是水田，基底软，先垫了一些碎石子碎砖，以便挖机进场工作。之后再填了很多山上挖来的红土，当时老乡告诉我这个土肥。种植后才发现这种土黏性大，种草花成活率不高，增添了局部改善土壤的麻烦。

3. 因为不懂造园的章法，步骤顺序有些地方不是很合理，特别是水管电线应该早一些时候预埋，后面种花时就不会挖断管子。

4. 花园的排水很重要，开始没有注意，后期又把路面挖开，布置排水管后重铺，水直接拍到外面房屋边的沟渠里。这些都是因为不懂造园，蛮干而多出来的工程。

造园历时两年多时间，付出了很多的心血，虽然没有达到最理想的状态（其实我内心更喜欢野趣一些的），最后结尾稍微拘谨了一些，但是总的还是满意的。

三 老物料揉出来的花园

在黄山待了五六年，不知不觉就把徽州的元素揉进了园子里。这个花园里的砖瓦石块等几乎都是用的徽州的老物料，是从附近村子里拆除的老房子里拆出来的。这些老物料都有上百年的历史，浸染着当地的文化，带着岁月的痕迹，我非常喜欢。

因为有之前买旧物料改造老房子的经验，造园的时候便想着怎样把老物料用在花园里。有机会就去收一些，老乡也会给我提供很多信息。看中了，谈个价格就运到园子里做备料，再根据现场的情况利用起来。

踏步的红麻石是一所老房子拆下后所有墙基的料，是当地村长带我去买的。

花园的大门是一个年纪很大的老师傅做的，买来的旧木料，上面是旧的瓦片，用的榫卯结构，没有用一根钉子。

围墙和矮墙，攀爬了金银花和风车茉莉，用的是收来的小青砖老料，透漏的方式搭建，我不要把花园围得严严实实，另一方面也可以省些物料。上半部分的竹篱笆也是用附近的竹料请本地师傅做。这个围墙的设计是我最满意的地方。一是省料，二是外面也可以看得到。

那些收来的石槽、石磨、石杵、饮马槽等，我把它们点缀在花园里，和植物一起，让它们焕发新的生命。

造园的时候，请的老乡有些是当地的老匠人，他们也给我提供很多思路和建议。

我在花园里打了一口水井，就是找了老乡用当地传统的古法造的。要用人工挖到地下四米深处，到达鹅卵石层开始出水。然后用砖一圈圈砌到顶。上面盖上的老井圈也是找老乡买来的。

井的正上方是一个用传统榫卯结构做的人字顶木凉亭，材料也都是旧物料，四根柱子，底下垫的方形石础，这样木柱子不会直接接触潮湿的地面，也是徽州房子的传统造法。

怎么会在凉亭下有水井呢？每次有朋友来都觉得很特别。

其实这个凉亭本来是做在阳光房旁边的一块长方形的空地上的（现在那一处还保留着之前的矮墙，也很有趣）。等木工师傅备好料现场安装起来后，我才发现凉亭和阳光房距离太近了。拆掉又浪费，一筹莫展之际，便想着是不是可以架在水井的上方？距离也近些，想办法平移过去。老乡师傅告诉我，古代也有这样的做法，井上面盖个亭子。方案定了，操作却并不容易，老料做的凉亭实在太重了。后来，负责工地的黄树森找来村里的八个大小伙子，两人扛一个柱子，喊着号子，一步一步挪到了井圈的位置，途中还碰断杨梅树的大枝丫。我果断说："没事，继续！"最后把凉亭摆到位放下的那一刻，大家都欢呼了！那场面，我现在想起还热血沸腾。

四 老乡的树

园子里种了大大小小几十棵树，还有很多灌木，也都是村里的老乡帮我"淘"来的，不乏上百年的大树，包括那棵高地的古桑树。

附近岩寺镇有个三九庙会，会遇到老乡把自家的树苗挖出来卖，那些小型果树花树，梅花树、山楂树、枸杞树等，都是庙会上买来的。我还种了一棵枸骨冬青，老乡跑来一看，说你这棵是"公"的，不会结果，非要再送我一棵枸骨，给花园里的"公"的配了"母"的，令人莞尔。

我喜欢梅花，老乡便介绍我去附近的卖花渔村买，那个村子里种的全是梅花，据说是几百年前曾在皇宫里做园丁的先生回乡后，带动了整个村都开始种梅花，现在那里的梅花盆景还全国有名。

现在园子里有三棵大的梅花树，一棵'骨里红'，一棵'绿萼'，一棵红梅，每年冬天满树花开，在花园最萧瑟的时候，数它们最好看，引来很多的蜜蜂。

花园里还有两棵柿子树，一棵枇杷树，树形都特别好看，是一个去世的老乡留下的。老乡叫余金汉，一辈子一个人生活，喜欢种树，会造船，还喜欢钓鱼。当时他在我的工地上干活，他看到我喜欢树，专门带我到他的地里去，把他最喜欢的两棵树都给了我。一棵是枇杷树，枝干像打开的手掌，五个都朝上，简

直漂亮极了。另一棵是奶油柿子树（之前一棵方形品种的柿子树也是他家买来的）。挖出来后余老乡亲手帮我栽种下去。没想到过了没几天，他就生病住院了。等我再有空去看他时，已经病得很重，放弃了治疗，从医院出来后不久就去世了。

几棵树在花园里都长得很好，柿子特别好吃，枇杷树今年也结果了。想到余老乡，心里特别遗憾，他把他最心爱的几棵树都给了我，园子建好了，他却再也没机会看到了。

结　语

在大都市生活了几十年，我从没想过会在黄山的乡村落下脚，因为花园而扎根这片土壤，也因为花园和老乡们建立如此紧密的联系和深厚的感情。他们质朴善良，有传承悠久的为人之道，也有固执和坚持，以及生活的不易。

花园现在越来越美了，也成了琶村老乡们的骄傲。我没有给园子锁门，村里的老乡们可以自由进出。他们也非常喜欢和爱惜，闲暇时会过来逛逛，需要种花种树就会来帮忙，我回上海的时候，他们还会帮我浇水。

琶村的琶姐花园，也属于这些老乡们。

因为花园而扎根这片土壤，也因为花园和老乡们建立如此紧密的联系和深厚的感情

「南屏山居」皖南小院＋2亩地乡野花园

图文 | 红子、小可

春山万重山，一山藏万山

花园是种生活方式，是芸芸众生中的一种，日常得很平淡——以致，如今让我去描述，我竟一时不知该从何说起。

主人： 红子、小可
面积： 150平方米＋2亩
坐标： 安徽黄山

百年的老宅里的山居小院

多年前，我们搬到皖南乡下，在一栋明末清初的老宅里安了家。老宅有150平方米的庭院，是其他的老房坍塌后形成的。原屋主用来种菜，而我们用来种花……

这是个略近长方的下沉院落，与老屋的地平有一米五左右的高差，长约二十一二米，宽约七八米，四面为徽派建筑的高墙，典型的阴性环境。整个老宅在村子最高的近山处坡顶，与周围的高差几近两米。因此，我们可以将院子三分之一的区域，再下挖一米二，利用落差把院子分了三个层次。院子里大部分地面都硬化了，只留了部分的种植区。

青石条正好用在台阶之上，而乱石就用来垒花台和砌磅墙。正好，我们十分喜欢皖南村子里随处可见的石头墙——时间一长，满布苔藓，青青绿绿的，煞是可爱

两只狗躺在壁炉边，是在等主人做好的美食吗

【下院】

最下一层，我们唤作"下院"的，就在厨房的外面，主要是我们的功能活动区，平时家中的猫猫狗狗们也都在下院活动。

这里布置了香草种植区，只是我们家更多的时候吃中餐，所谓的香草区，慢慢就只剩下常用的紫苏和薄荷了。

角落里，有一棵石榴树，便就着树阴做了一张小石桌，天气好的时候，我们会在树下吃饭。

做花园的时候，迷上了烤柴火面包，所以石桌的右后方，请村子里的师傅按着我给的样式，砌了一个面包炉，烟囱向后斜着通向墙外，像极了一个小辫子，所以这个面包炉，被我们叫做"小辫子"。操作台是用青石搭出的，上面放了一盆百里香。随手掐了，往"大列巴"面包上撒一些，特别的香味就出来。

下院的另一个角落，我们沿着墙边垒了花池，里面种些常见的植物，像月季、铁线莲、绣球、穗花牡荆等。我们种的花颜色都偏向冷淡，除了花池里的那棵金银花'京久红'开着，开着满枝条的红花，往往让我们有眼前一亮的欢欣——它已经长到高墙外去了。

绣球花和月季是花园的必备植物，花开满枝，热闹非凡

淡紫红色的铁线莲，给园中平添一缕素雅

【上院】

　　另外的三分之二，没有下挖的，自然就是我们口中的"上院"。

　　我喜欢养鱼，就在上院挖了一个鱼池，上面用香樟木做了个小木桥。小池塘弯弯的，我把它唤做"弯弯"，而小桥则被我称作"阿香"。

　　围着池塘种了些常见的植物，如雪柳、鸢尾、枫树、铁线莲……还是一样，都是偏蓝偏紫偏白偏粉的冷色调。倒是小池南沿的锦带，红色一团，开的时候挺好看的。

　　小池再往南去，用竹篱笆隔出来一个区域，原屋主上世纪九十年代种的一棵银桂放在小院的西南角了，本来有两棵，我整理院落的时候卖掉了一棵，这一棵我唤作"小山"的，本来也不在西南角，是我找人移植过去的，担心了半年多，怕挪死了，而今每年秋天，这棵银桂都会开一树银白，花香将我们的小院子填满。

　　银桂的对面，就是东南角，我们种了一丛罗汉竹，正好挡住一进大门的视线，是的，我们不想推门进来就将小院一览无余……庭院里种竹子蛮麻烦的，虽然我用了些方法来防止它们扩张，可是我仍然需要每年铲除它们溢出的部分……

　　银桂'小山'的浓阴之下，是休憩的好场所，特别是盛夏燠热难当之时，喝喝茶、看看书都是极好的。更何况，我还在靠西面的墙上种了一棵'双蝴蝶'，这种阴性的蔓生植物，水灵灵的在身旁，传达给我们的信息都是

小院里挖出的各种石头，在磅墙和台阶完成后，剩两块青石条，便用来在上院做两个石凳。上院的休息区里，也做了一张石桌，比下院的大，可以围坐五六人。背靠紫藤架坐在石桌前，眼前是小桥"阿香"和小池"弯弯"。

美的。所以，我们用拳头大的石头密密铺了，放个废弃的石磨盘，摆个树墩，藏在锦带的叶子后面，就躲起来了……藏住我们的，还有绣球花的叶子，在桂花树的下方，缺光，就种了很多绣球——毕竟耐阴——皖南的水土应该是偏酸的，无尽夏开出来的花朵往往偏冷色的蓝紫，因而，我需要大叶吴风草的亮黄来挑逗

下——虽然我们俩都不喜欢明灿灿的黄。

因为我们的老宅在村子的最高处，所以不通车辆的，所有的土石方都需要人工挑出去，所有的建筑材料又都需要挑进来。而且在挖下院和池塘的时候，挖到了之前倒塌的老屋的屋基，挖出来一些青石条和小乱石，便就地利用起来。

【紫藤长廊】

我想要尽量减少运出的土方，便用乱石在距离老屋屋基的一米二处，砌起来一道石头墙，高度正好平齐老屋条石基础，中间的空隙，将土填进去。于是，沿着老屋的边缘，我们的小院有了一条走廊，我们之前用毛竹搭了架子，种上紫藤，效果甚佳。只是几年后，毛竹腐朽，加上疾风骤雨的，紫藤架最终还是倒塌了……如今走廊两头仍种着紫藤，中间则将老屋的外墙亮出来。当地人说，老房子的墙要晒着太阳才好。走廊边上就种些绣球吧，绣球花在皖南是很容易种的。

小院的布局大概就是这般，老屋墙根的走廊算一层，上院是一层，下院是第三层，高高低低的才够味。

左页 紧贴山居老屋外墙的一个紫藤长廊。这个长廊是老爸用当地的竹子搭起来的，小院里还有很多竹制篱笆也是能干的老爸亲手做的

右页 走廊的尽头有个餐吧，准确地说，有个"多功能的厅"，窗台上摆了很多天竺葵，我很小心的侍弄它们，可是皖南夏天的炎热和潮湿对天竺葵来说是致命的，还是免不了有些挺不过去。我开始试着种一些微型月季，微月过夏，我想可以狠狠地剪掉吧……

如花在野之"回声花园"

园丁永远都会缺两样东西——一是花园里还没有的花，再是种些花的地。

所以，除了这100多平方米的小院子，我们还有一个2亩地的花园，我呼"回声花园"为它的名。

刚刚搬到皖南的时候，因为想给老爸弄一块菜地——他一生都酷爱种菜。所以在距离我们居住的老屋大概150米的山坡上，我拿到了一片撂荒的桑园，有1亩左右。之后的两年，又拿到了另外两块相邻的撂荒地，三块地加起来有2亩多。

出老屋的大门，往南可以看到南屏山，回声花园就在山边不远。山岭到冲积平地的冲积扇上，土薄而贫瘠，并且缺水。好在自有层次，又可眺南山，距离山居也不远。

回声花园自西南到东北，渐次缓降，大致分为四块高低不一的区域。留西北的一处给老爷子种菜，留下东南一块的茶园——每年春天，我都要做一些红茶，备我们一年的口粮茶，这小茶园所出的茶青，绰绰有余了。另外，我的鸽子棚，老爷子的鸡棚都放在茶园里……

2015年，我们将这2亩地组合在一处的时候，我动了在这里建造一个乡野花园的念头。当时的设想是，不过多干涉，大部分的工作让自然搞定；要有各种动物造访，昆虫、两栖、爬行、鸟，甚至是一些哺乳动物，都能在花园里自由游荡，我的花园，也是它们的家园——一座有动物出没的花园才是我想要的活泼泼……花园将是半开放的，各种动物的通道都是敞开的，要有水塘，要有乔木，要有灌木丛和乱石堆，也许随意翻起一片落叶，便会翻开一个世界；要与周遭环境兼容，它脱胎于野，但不叛逆于野，看得出不同，但不显造作……

几年来，回声花园一直在这些设想下成长——很野，但是有趣——是的，如花在野的状态才是我喜欢的状态。

左页　杂草坪在草庐的前方，我们把山野间的草皮切下一点，平铺在这里的，慢慢长成了现在的样子，春天会有很多小野花开放

右上　杂草坪的南面，我们有两个花圃。除了做骨架的木本植物，其他空间是留着给我们每年春天折腾草花用的，可以各种植物换着种，还挺有趣。小院室内布置或办活动的生活，可以随便剪下插花

右下　石头磅墙是个好东西，又好看又是各种生物的避难所和栖息地

左页 西南区种了些月季花，不过，近两年我们渐渐淘汰了一些，皖南这种湿热的气候，实在没那么适合月季生存

右页 回声花园里根据地势，大树、灌木、竹子和各种的花草，在丛林间成了动物们的家园。来山居小院的客人们也喜欢到这里，在菜园摘些蔬菜瓜果，体会回到大自然的快乐

【月塘】

因为花园没有水源，所以在最低处的东北位置，我们挖了一个池塘，用来储蓄雨季的雨水，伏旱时用它来浇园。

池塘刚装满水的当夜，月色可人，我一个人站在池子边上，看着月亮在水里缓缓地走，微风有时候会吹皱水面，我想，这池塘该与月亮有关吧，于是，我呼"月塘"为它的名。

我每年都会放一些金鱼苗到池子里，可是，这些鱼苗到了来年就所剩无多，大多数都成了打鱼郎或者小白鹭的盘中餐——它们会当着我的面，从月塘里叼起鱼来。不知道它们飞走的时候有没有从心底鄙视我。

回声花园经过这些年的成长，花园里植物有一半都是本土的原生植物，剩下的，也大多是园艺植物中适合粗放管理的品种——乡野花园，要有乡野的样子……

左 围绕着月塘，我们种了些树，开花的或者红叶的，一些灌木，开花的或者观叶的，还有些宿根的草花——要强健到足以和野生的马兰花竞争的，比如随意草、千鸟花和萱草一类的

右 月塘西岸靠北的地方，是我们的草庐。草庐和月塘之间，我种了棵芭蕉——这家伙很疯，我每年都需要控制它的扩张。我们喜欢在下雨天坐在屋檐下，听着雨打在芭蕉叶上的声音，看着山腰上的流岚，一两只白鹭慢慢地在青山边上飞

花园就是他的大玩具

图文 — 玛格丽特 — 颜

主人：西风漫卷
面积：180 平方米
坐标：江苏南京

西风漫卷被花友们称为："花园面包炉推广者，鱼池菜园生态综合体实践者。"

研究并付诸实践，知行合一，这大概是理工男喜欢花园的方式。

玩面包炉的美食达人

"相比欧包，我可能更爱的是比萨。"

这已经是西风在自家花园里做的第四个烤炉了，终于完美，半小时就能升温到200度。特别订制的火山岩板能有效导热，比萨只需2～3分钟就能烤好。面饼天然的脆香，芝士软润拉丝……

距上次去南京西风漫卷的花园已经有一年多了，一路上我还在回味上次比萨的美好。当然也记得那天突然大风寒潮下雨降温，坐在花园里穿着棉衣都还冷，幸好有面包炉现烤的美食抚慰。

新鲜出炉的美食，挑逗着味蕾

上个周日，风和日丽，应邀又去西风的花园烤炉派对。

阳光透过树梢，在烤好的虾饼、土豆、鸡翅上投下斑驳的光影，猫咪跳来跳去凑热闹，还有三五好友一起坐廊架下谈天说地，微风里都是花香和新出炉的面包香，如此美好的花园时光，感受更是不同。

生菜是西风在花园菜地里现摘的，新鲜肥嫩。

鱼池菜地生态综合体

菜地自制堆肥桶

摘下的残叶直接就丢进菜地里的自制堆肥桶。

这个菜地非常有特色,周围是一圈鱼池,种了水生植物。鱼池的水可以用来浇灌菜地;鱼池菜地就是一个小生态,是西风自己设计并施工的。

研究并付诸实践,知行合一,这大概是理工男喜欢花园的方式。

这是第一代的烤炉，现在几乎废弃不用了

造园是玩，养花种菜也是玩

　　西风的花园并不大，围着房子南北和西侧半包围的结构。

　　北侧靠近面包炉，连接屋内的厨房，做了木廊架，方便烧烤以及在这里家人朋友花园用餐。

　　西侧花园是南北贯通的狭长形，入口在中间，自然分割成两部分，北面就是被鱼池包围的菜地了。鱼池里养着鱼，还有荷花、菖蒲等湿生植物净化水质；菜地里种着青菜、菠菜、莴笋，还有洋花萝卜，夏天则是茄子、青椒、西红柿，还有大蒜、香葱，烧菜的时候随时拔一把。西风还种了芦笋，好看又好吃。芦笋正在开花，它是天门冬科的植物，和文竹是一

菜地里的芦笋，正在开花，很是飘逸

左 菜地里的自制沤肥桶上，西风的夫人都
画上了可爱的图案，帽子则是花盆倒扣的

右上 南侧铁艺凉亭

右下 中间花园的入口，白色拱门廊架，上面
紫藤花正盛开

家，特别飘逸。

　　旁边盆栽地栽还种有很多香草，薄荷、迷
迭香、百里香、牛至、紫苏、罗勒等等，烤肉
时候随手揪点儿叶子就是调料。

　　南侧这一处比较狭长，两侧留空当种植
物，中间一条红砖小路，通到角落处的铁艺
凉亭。小路两侧的植物极为丰富，每一棵都
有故事。

　　比如从皖南带回来的天目地黄；山东带
回来的地榆；种子自播好几年的耧斗菜、兔尾
草。以为没有了，不知怎么又长出来的大花葱
和球根鸢尾。还有牡丹、矾根、玉簪……我出
门的时候匆忙，腰包里还揣着园艺剪。本来想
着趁西风烤面包的时候，帮他修剪下花园。晃

左上　种子自播出来的兔尾草
左下　进屋的大门，爬藤植物是猕猴桃和金银花
右　　天池花园，楼上看像个大脚丫

了两圈没敢动手。有些野草是特地种着的，开败的花是留着要结种子的……

南侧拐出来的位置还有个鱼池，西风叫它"天池花园"。

天池像云朵，它的一汪水，像眼睛。实际情况是，从楼上看，像个大脚丫。

这个鱼池的建造也是很费了一番工夫。鱼池上自然堆砌的石头都是西风和家人附近山林里捡的。本来西风要把这一处做岩石花园的，植物却不听话，长得极为茂盛，缝隙里还有很多自播的小苗长出来。

东侧和邻居相隔的矮墙，其实是个半圆花坛加墙上装饰的宫廷风，现在植物太茂盛，什么也看不出来了。

三 花园就是个大玩具

西风在介绍他花园的时候说："入手这个院子说白了就是给自己整个大玩具，扩展自己玩的空间。建造的过程同样也是玩的过程。"

他把玩的过程详细记录了下来，包括用的什么材料，品牌规格，什么步骤，中间遇到什么问题，怎么解决。

种花也是玩，花园里有桃核种出的桃树，杏核种出的杏树，还有一棵青皮无花果，是和威海烟墩角鲅鱼饺子馆老板娘讨的枝条插活的。马兰花则是从老家宁夏带回来的种子播出的。从老房子某个废弃工地捡回来的胧月枝条养成了一大盆⋯⋯

花园里小路的一侧，还藏着一处水井，也是西风自己建着"玩"的。

去年拜访的时候，西风热情澎湃地讲了好半天水井的奥秘，我还特地拍了视频记录⋯⋯然而，和西风跟我讲面包炉怎么做一样，听的时候觉得都懂了，脑子都会了，然后，全忘了！

上 矮墙上有一盆胧月，西风介绍是他很多年前从一个拆迁的破楼顶上捡回来的枝条扦插出来的

中 水井位于小路一侧，静谧

下 地榆

左上　蜂箱里已有蜂王入驻
左下　门口信箱里的壁虎
右　　矾根

这些都玩过了，西风去年又开始养蜜蜂玩了！他从网上买了两个蜂箱，一个已经有蜂王入驻了，勤劳的小蜜蜂们像出去执行任务一般，一只只从底部的缝口飞出去，不断有"任务执行完毕"飞回来的那些，有的肚子里揣着圆滚滚的花蜜囊，有的脚上挂着肥肥的花粉团。我和孩子目不转睛看了半天，实在太可爱！

旁边的竹竿上有两个洞，西风介绍：是木蜂钻的。

我觉得这样下去，西风大概会变成"西蜂"西毒欧阳锋。

我还想起了去年西风给我看在门口信箱里看到的壁虎，安了家。

对于西风来说，花园就是他的大玩具，
建造过程是玩，挖井做面包炉也是玩；
养蜜蜂壁虎是玩，种菜养花也是玩。
花园生活就是要玩出花样，玩得高兴。
其实不管做什么，悦己才是根本。

花园给予我们
生命的启示

图文 | Sunday

主人：Sunday
面积：200 平方米
坐标：江苏南京

一个内卷的时代，那无处安放的莫名焦虑常常被花园悄悄地抚平。伴随着那些绽放和衰落，领悟生命的过程及意义，始知一切皆可放下。

> 对待园子里的花花草草，园丁费尽心力也不过是为其觅得一处适宜的环境好任其自在生长。百合终究开不出玫瑰花，只会长成它们本该成为的样子。园丁修枝剪叶、施肥打药能助它们更好成长，但不能改变它们独一无二的天性。尊重生命本该拥有的形态，高度关注，低度干预。一个花园对于生命的启示大概就是：做好一个园丁该做的工作，成长就交给生命的自觉过程去完成吧。

——园主：Sunday

上　阳光灿烂的每一天，郁金香和三色堇开得光彩夺目，这是我们热爱的状态

下　绣球也不甘示弱地努力开着

放下羁绊，开始做花园

认真对待一个园子，要从一个名字开始，她把自己花园命名为"Sunday's Garden"。因为Sun + Day分开是阳光灿烂的每一天，这是她和花园都热爱的状态；连接起来的Sunday周日，和每天一样的日常生活，看起来闲暇的时刻已经预示着下一刻扑面而来的各种事务。

Sunday搬到这个花园已经七年了，却因为工作和孩子们的羁绊一直没有好好对待。直到2019年，手上的项目终于告一段落，好像一块长期放置在草地上的石头突然被搬走了，留下的那片荒芜立刻窜出新的生命，Sunday那颗做园丁的心开始蠢蠢欲动。

园丁路是从一场花园展开始的，机缘巧合，接触到颜老师主编的杂志《花也》，还有笑起来爽直得有点"铁憨憨"正在介绍她白色主题花园的视频的海妈……她们对园艺纯粹的热情在Sunday心里引起了强烈的共鸣。于是，几乎是一刻也不能等了，她要开始做园子！

从事科研工作的Sunday对待造园也是极为认真的，查资料、做方案、绘表格、看案例，又是看书又是请教，学习和积累的同时，也渐渐对造园有了清晰的概念。

原来的几棵果树，作为园子的基本骨架，之前的硬质铺装也尽量保留，将植栽的搭配和组合作为主要内容进行调整。一个好看的花园，更重要的还是植物，了解它们，根据它们各自的属性安置在合适的位置。

时至今日，园里的整改也不能说已经到位了，这条不断积累经验，不断优化改进的路依然在持续。

猫咪在花园里盘踞还生下几窝猫宝宝，小鸟也在石榴树上搭建了鸟窝，院墙的角落有一对癞蛤蟆夫妇，偶尔翻地碰上，总是招呼都不打一声就转身蹦跶着走了。门廊上支撑星星灯的竹竿里应该藏着竹蜂一家，每每从这里经过，那孜孜不倦的"嘎滋"声从未间断过。

取悦自己，与他人无关，花园恰好给了我们这样的契机，在莳花弄草的过程中感知到自身是万物生灵中的一员，因而从不寂寞。

花园滋养着生活。

看孩子们在园子里嬉戏玩闹，逗狗喂鱼，撩花拔草，总是在不知不觉间忘了时间。

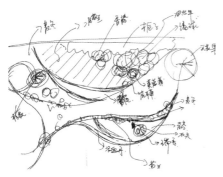
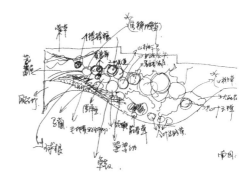

大狗辛巴有时被限制在这一区域，坐在这里的吊椅上，可以尽享整个园子的旖旎

南园：花园秘境

南园约90平方米，除了硬质铺装，主要有四个种植区。

从客厅的落地窗出来是最集中的硬质铺装区，挨着客厅的一块整体铺饰防腐木，两端各安置着水池和工具房。大狗辛巴有时也被限制在这一区域活动，坐在这里的吊椅上可以尽享整个园子的旖旎。

迎着客厅出来，用装饰木推车搭建了一个花盆组合区，像一个小小的玄关，既是内外空间的隔离，也是过渡。

西围墙的长藤架下面是青石铺装，沿边栽种一排紫花酢浆草，春天里可以开到荼蘼。开春后最早的是成片的木香，不几天就开始像下雪般纷纷飘落，然后是轰轰烈烈的蔷薇，深深浅浅的粉，吸引着大批蜜蜂光顾，其中有几株野蔷薇，散发着郁馥乡野的味道，最外端还有几根葡萄藤。

刚入住时顺着几个窗角分别栽了石榴树、樱桃树、蜡梅和枣树，几年下来已经成长得非常高大，就着原本的条件，在二次改造中结合这几棵树作为基本骨架，自然形成了四个主要栽种区。

东南角以石榴树为主体的阳生花境区，是秋冬日照最为充裕的区域，品类主要为一些对光照需求比较高的植物，如忘忧草、肥皂草、

俯瞰南园秘境

开得热闹喧嚣的郁金香和三色堇

假龙头、婆婆纳、墨西哥鼠尾草、千鸟花、醉鱼草、毛地黄钓钟柳等。

这里也埋了郁金香、洋水仙、大花葱和很多百合种球，早春的时候，郁金香和洋水仙绝对是整个花园的颜值担当，生命蓬勃的力量在春寒料峭里常常让人格外感动。

晚一点，大花葱就开始抽出高高的花葶，紫色的花球绽放，接下来就该是百合花的主场了……

樱桃树位于整个园子的东北面，相对荫蔽，下面植物以杜鹃、玉簪、天门冬、肾蕨和落新妇等耐阴植物为主。

爬上墙的风车茉莉，光照不足，花开得很一般。沿围墙向南从地面丛生的玉簪到两株绣球、红花檵木球、金银花、紫荆树，花境高度逐渐升高。

春浓时也是花开满枝，很是绚烂，之前随意牵拉在围墙边的蔷薇这几年与紫荆树缠绕在一起，竟然开出了很梦幻的效果。

西侧院墙是铁质栏杆镂空围墙，和小区的植物交融在一起，院墙外是一棵紫叶李，紧挨院墙内是蜡梅、红枫、结香、毛鹃。冬季寂

一株红枫独领风骚

几棵大芭蕉树成群环绕

寥，所以还补栽了一棵棠棠，早春那抹热烈的明黄非常温暖。整体组合具有一种强烈的依靠感，紧挨着这一处放置了铁艺长椅和餐台，并形成了一个小小的花盆组合区。

花盆后面时常栽种毛地黄，大花飞燕草和鲁冰花等线性花卉，营造一种高低错落的层次感。围墙上靠着的是一棵高高的圆锥绣球，盛夏时节开出一团团白色的花球，从客厅里远远望着就有一种清凉的感觉。下面是一株早早就会报春的喷雪花，极小的一棵苗来的，如今长成了一大丛。

西南角外围是一棵大香樟，院内是枣树，作为一片月季栽植区，倒也别具一格，带着点秘密花园的气息。旁边放一些园艺材料，诸如营养土、肥料、花盆等，方便实用，不影响庭院美观。再外面就是年年都会艳绝一方的芍药花丛了。

庭院中央的几块大理石汀步是早先物业留下的，重新做了布局调整，中间用黑色卵石填了缝，压了隔草布，这样杂草清理起来就非常简单了。主要栽种区都配上草坪后，整个园子立刻高大上起来。

三 北园：田园逸趣

北园110平方米左右，分区相对简单，主要是以鱼池为主的休闲区，以廊架为主的种植区和以一条旱溪景观为主的阴生花境区。

如果说南园想要的是花园秘境，那么北园更追求田园逸趣。但北园日照更受限，基本到每年5月才能开始有充裕的光照，所以萌发总是来得更晚些。

主入口以一条碎石小路为主，中间四个联排花架串起一个廊道，两侧间隔分布着五个种植区，花架盘上藤条以削弱笔直的生硬感。这里挂了欢迎牌，作为一个花园的门。

两侧围绕一棵杏树栽种了各式绣球，另一边以两株红花檵木球为主体，玉簪为主要铺地植物。

里面的三个种植区相对比较简单，去年直接用隔草带围边，沿小路种植了一些小野花，追求一点山野乡村之趣。内侧主要种植各种蔬菜，有黄瓜、茄子、辣椒、苋菜、生菜、木耳菜、丝瓜等，有了园子，菜篮子总要有所体现的。

北园另一连接口是室内餐厅旁的落地窗，出去即是一个茶台区，一桌两椅、一个餐边柜。

另一端就是鱼池，鱼池的循环净水系统藏于茶台下面。一侧砌筑的花池里栽了整排紫竹，关于庭院生活清逸雅致的想象大概都安置在这一角了。鱼池边一棵高大的白玉兰，也是每年早春的报信使者，下面的棠棣垂挂至鱼池之中，花开之时，落英缤纷。

时间久了，鱼池的外围路面有了自然沉降，为了解决这个问题，顺着鱼池沿边随意放置了卵石，延伸营造了一条旱溪和组合花境。

外口的岛状花境只有一株瑞香为主体，青苔和花叶活血丹作为铺地植被。里侧的花境沿墙是几棵栀子花、香椿和一棵无花果树，下面的植物搭配主要是玉簪、鸢尾、落新妇、油点草、筋骨草等，一丛散落的黄菖蒲和鱼池里的鸢尾、菖蒲及南园的一大丛菖蒲相互映衬，就连旱溪中的小碎石也考虑了与南园的几处碎石铺面小径的遥相呼应。

断断续续，花园越来越接近想象中的模样了，但园丁的心思总还没有完结，还想着再改动哪里，再移栽些什么，所以总也希望得到同道中人的指点和启发，来来去去，园艺之路终究是一直处于不断折腾中……

上左 沿小路种植一些小野花，充满山野乡村之趣

上右 围绕一棵杏树栽种了各式绣球

下左 玉簪为主要铺地植物，追求一点田园逸趣

下右 一条碎石小路，中间四个联排花架串起一个廊道

有园 –Your Garden，因花友会而造园的故事

图文 | Coco 小蔻

有园「Your Garden」也是你的花园。

『好看的皮囊千篇一律，有趣的灵魂万里挑一』

在有园，实践和见证。

主人：心妈、Coco 小蔻

面积：2 亩+60 平方米小屋

坐标：江苏苏州

左　园主心妈在院中休闲区阅读
右　园主小蔻凝望着窗外的美景

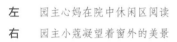

为了花友们聚会而造园

有园，英文取为Your Garden，意为我们的花园也是你的花园，是共享的概念。花园由我（Coco小蔻）和心妈共同打造。

从2017年开始，我们每年都会组织苏州花友会，一年一会，四年时间场地也换了4处，于是萌生了造园的想法，造一处花友们聚会的地方，一处花友会的线下举办地。

有园，占地2亩，有一间60平方米的小屋，位于苏州市吴中区张桥村，紧邻旺山，三面环山，一面临水，地处山坳的喇叭口偏底部位置，边上有一条依势而下的小河，正好流经至有园的门口，有一处落差，上游的水面上架

设了汀步，如恰逢大雨，水量丰沛，水势湍急，高处水位顺势而下，一处天然的瀑布景观自势成景，正好为有园的下沉区域借景入园。

2019年11月6日，这片土地的原主人带我们来到这里。虽然还是一片空地，但一满圈的白色木栅栏和嵌着田字窗框的小屋已足够散发气质，几经考虑，办完交接手续，土地换了承租人，我们正式接管。

2020年4月，有园开工，2021年5月，有园建成，正式对外。

风风火火，雷厉风行，应该是对我俩最好的诠释。

有个造梦的花园

办完交接手续后的几周应该是最美妙的时光，因为这段时间里你尽做梦就是了：天马行空畅想未来花园场景和生活。

然而，亢奋之后回归现实，要在大地上开始作画，但手握画笔，却不知从何下手。当时的心境到现在仍然记忆犹新，生怕一笔画错，满盘皆输。我们就像刚刚学会走路的孩子，蹑手蹑脚地不敢跨出第一步。

我们翻阅造园书籍、翻墙借鉴美图、实地拜访美园，请教老师，试图从中寻找灵感和突破。结合我们钟爱的拱门、栏杆、廊架等花园元素，及需要的草坪、厨房等功能区块，首先确定园内主要的构筑物，再规划园路，最终把花园划分为户外厨房区、蔬菜区、岩石区、椭圆花境区、白色花园区、草坪区、绿色廊架区、切花区、观赏草区、儿童游乐区、河边下沉区等十一个区域。

规划初有眉目后，我们开始着手隐蔽工程的施工准备，布局电路和水路走向，确定电源、插头、出水口位置，然后开挖施工；同时计算需要用到的电线、PVC管、水管、隔草带的长度以及结合使用功能，确定电线、水管规格。管道基本走园路下方为主，隔草带沿着园路二次开挖。

接下来着手土壤的改良，良好的土壤环境可以让种植事半功倍，所以土壤改良是造园必不可少的步骤。有园本身的地形自带坡度，因此减少了排水沟的设置，这是天生的优势。土壤的改良用了最省钱的方式，运了两车兔子粪和砻糠，均匀撒在种植区域，用旋耕机耕地拌匀，等待植物入场。

上　　椭圆花境区花草丰茂

下　　草坪区空旷处搭了木凉亭，可休憩

小碎花随风摇曳，给这片区域带来浪漫和柔情

有园，美丽有趣的花园

椭圆花境区属于混合花境，有合欢、梨树、垂丝海棠、紫薇和树状紫藤5棵乔木，是以常绿灌木打底，配以宿根和当季球根、草花等植物形成的区域，当中的椭圆区域种了白色山桃草，花期从春天开到秋天，小碎花随风摇曳，给这个区域带来浪漫和柔情。

白色花园区以一个大半圆和两个整圆的红砖铺地延伸下来，整个区域的轮廓处由大小不一、规则不一的散落花境构成，种植以白色开花植物为主，外围的围墙上爬藤冰山和白色系单瓣蔷薇，接以一片'贝拉安娜'绣球和白色圆锥绣球，用瓜子片连接各个散落的白色花境。

切花区以片状的形式种植，形成小花海的视觉效果，植物选择上主要以花期长、花量大、花头飘逸为主要选择标准，开花时期覆盖早春、春夏、夏、秋季四个时间段，冬天的时候撑起小暖房帮助小苗顺利度冬，为春天蓄势。

上左　绿色廊亭区清雅疏阔

上右　观赏草区是秋冬季的颜值担当

下左　树屋斜影，这里最受小朋友的喜爱

绿色廊架和草坪区是花园活动的主阵地，亭子和草坪边圆平台的不同设置满足不同场景的需求。这一区域是花园生活的体现和延伸，在被花境围绕的空间里享受午餐、下午茶或是烛光晚宴。场地准备好，里面的内容和形式由你来填充。

观赏草区是秋冬时期的颜值担当，草穗在晨光或是夕阳的照射下，呈现不同的秘境和感觉。也是这一时期最出片的地方，来花园游玩的花友我都会建议她们"到此一游"并留下美美的照片。从初秋一直到冬末，观赏草都以其独特的姿态和超长待机的优势备受我们青睐。

儿童游乐区似乎有种魔力，吸引着每一位来有园的小朋友。蹦床、秋千和树屋这些自带童话色彩的元素，给园增添了更多趣味。两侧的弧形座椅供家长在儿童游玩照看的同时歇

左　　　户外厨房，烹调的烟火味与花草香融为一体
右上　　菜地种了各种蔬菜，随手可摘一筐
右下　　室内白色帐幔与外面相呼应

脚聊天。她在闹，我在笑，岁月静好就是这样吧。

　　户外厨房和蔬菜区安排在最靠小屋的地方，就近原则考虑选址，作为日常生活的延伸。七星游轮上的大厨在户外厨房说，在有园的烹饪体验，都胜于不管是星级酒店还是游轮上，因为田间地头的蔬菜能够直接上灶烹调，是一种不一样的感受。

河边的下沉区原先是花园里最乱的地方，和房子的平面有70厘米高的落差，我们设计了三个层次，由两个互为直角边的三层阶梯沿阶而下，6米长的白色花坛内种植了低维护的植物，是内敛控制的风格，往外垂坠的针毛蕨又增添了清新和互动的感觉。花坛上连着坐凳，完美将院外的瀑布小景借景入园。

上　　下沉区域全景

下左　下沉区域白色花坛

下右　小屋也是白色的，整个充满仙气

餐盘、桌布、餐桌花，我偏爱白色

后记

怎么样的花园才足够美好？我经常问自己这个问题。

除了上述的分块区域，各自承担着外在美的使命之外，它还能见证朋友间欢乐的时光，情侣间幸福的瞬间，花友们共同学习的进步，也将是主人心灵的栖息，在花园里感受植物的力量，大自然的神奇来充实自己的内心，汲取生活的能量。

春去秋来，夏归冬至，季节四季更替，园丁们做着最合时宜的活，乐此不疲，在不断的周期往复中，通过与植物、土地的对话，体会感悟生命的本质。

在户外厨房，我们烧饭、炒菜、烤比萨、烘山芋；在绿色廊架，生日派对徐徐拉开帷幕；在草坪上，婚礼进行曲响起，新人穿过拱门，迎接他们的专属幸福时刻；在儿童游乐区，有儿时该有的样子，也有快乐童年的缩影……

有园，我们一起见证园艺的魅力，一起感受生活的美好！

图文 | 玛格丽特 - 颜

藏在无锡山里的绿野仙踪

主人：文博
面积：6亩，中心花园区 600 平方米
坐标：江苏无锡

这个花园位于无锡西南角的军嶂山脚下，在苍翠的群山绿林中，像是藏着仙子们的绿野仙踪。

仙气的粉色，安静的葱绿，像是走进了绿野仙踪

恰是雨后的葱翠

所有的遇见都是缘分。

文博的山友花园早两年就想去，一直没机会。终于约好时间，却又下雨。幸好，下午到的时候，雨停了！

园子里到处都是早春的鲜嫩，樱花树和陀螺果树，开满粉色的花，花瓣落满草坪和池塘，远山若隐若现。雨后的清新，让这个隐藏在无锡山里的花园更添了一份滋润，安静的葱绿的，像是走进了绿野仙踪。

推开铁门，步入园中，极其纯净的色彩，分明就是仙境

这个花园位于无锡西南角的军嶂山脚下，沿着山路开车上去，两侧都是茂盛的树林，完全没看到花园的踪迹，差点错过。循着园主文博的指引，在路边停好车，沿着台阶走下坡，才看到入园的铁门。

推开铁门，到了园中，瞬间像是走入了另一个世界。这哪是花园，分明是仙境啊。这里的色彩是极其纯净的，在这里你只看到满眼的绿色，和头顶的一片天空，放眼望去，没有和任何与花园无关的杂乱进入。坡下花园之外的空间都是树林，露出绿色的波浪树影。天晴的时候，能清晰地看到不远处的另一座山，也被深深浅浅的绿色覆盖着。这里连声音都是纯净的，坡上的山路被密布的丛林遮住，偶有车子经过也没有声音传来。只听到风声，吹过树叶的沙沙声，还有小鸟各种悦耳的啼唱声。

园子坐落在山坡上，像是和大自然融在了一起。枕木的台阶、拱门、石块堆砌的围边、花池、老树桩做的遮阳伞、树枝编的围栏，各种自然的材料的运用，不拘一格。维护上也更倾向于自然养园，花草植物都长得肆意蓬勃。枕木的台阶缝隙中，野草成了天然的装饰，还有点缀其中的几丛蓝紫色的二月兰和黄色的蒲公英。

三友和他们的山友花园

几年前这里还是一片荒废的果园，被园主和两位好友看中，租了下来，改造成了现在的"山友花园"。山友是"三友"的谐音，也有山中挚友之意。

山坡的地势非常陡峭，园主是做园林相关

的，有着丰富专业的积累，他因势利导，循着
山坡本来的地势，把这里设计了7个平面，沿着
入口的台阶逐级而下，每一层起伏宽窄，交错
叠置，种上各式树木花草，成了错落的风景。

入口处，映入眼帘的便是蔷薇拱门后的那
几树樱花，博文说前几日最灿烂。树枝上还挂着
风铃，摇曳着。一阵风吹来，叮叮咚咚的，伴着
飘飘摇摇的花瓣雨落下，温柔地点缀在碧绿的草
坪上，简直太美好。樱花树下白色的喷雪花已
经谢了，红色黄色的虞美人开得正鲜艳。

一旁的小坡上还有金色的棣棠搭配着粉色
的荷包牡丹。还有白色的牡丹'香玉'，已经
完全盛开。

花园几乎没有土建，台阶旁修剪成型的女
贞，便是绿色的墙体隔断。把枕木竖起来，便是
攀援藤本月季的门廊。有些低矮的挡土墙，也是
用山里的石头堆砌而成；连池塘都是用石笼的方
式做的围边，在钢筋绕成的筐里，放上石块。

几层台阶往下，就到了花园的最低处，也
是花园的中心部分，这两层相对开阔，最外侧

错落有致的风景，树木花草各异，清风徐徐，花瓣如丝如片的
撒落下来，像落入人间的仙子般点缀于草坪上

是木质的廊架和爬满蔷薇的竹篱笆，把整个花
园空间做了围合，和外面山坡隔开。廊架上爬
的是紫藤，已经有了花苞，再过半个月，会美
极呢。

　　花园里有不多的几处建筑，是之前果园留
下，做了改造。也是平常到花园来休憩和活动
的场所。园主特地在屋顶铺了迷彩的盖布，把
小屋和周围的树林融在了一起。中央花园这一
层地势相对平坦，铺设了草坪。和上层花园的
连接处用石块抬高砌了花坛，很自然地延伸。

角落里是白色铁艺架围出的休憩场所，坐在这
里，每个角度都是花园的景致。

　　旁边樱花树下有个圆形的小池塘。平静的
水面像是一汪月亮，映着天空和葱绿的树影。
樱花树不甘寂寞，趁着风儿摇下粉色的花瓣，
细细碎碎地撒了一草坪，一池塘。

　　三友们几乎每个周末都会过来聚会，一起
花园火锅或者草坪简餐，其实就这么坐着，什
么都不做，呼吸着山里的空气，听着自然的声
响，心情顿时就放松了下来。

有一点白色，有一点紫色，有一点粉色，还有绿色，
没有闹市的嘈杂，只有花草树木与清新空气的反馈

三 藏在秘境花园里的宝贝

坡地花园面积很大，只有中间部分做了花园，两边还有不少空地保留更自然的状态。喜欢植物的文博也没有浪费，在这里种了很多他收集来的宝贝。有紫色的芫花，白色的星花木兰等，最给我惊喜的是那几棵陀螺果树，正开着粉色的花朵，像是在树枝上一群翩然起舞的仙子，美得让人移不开眼睛！它和秤锤树一样属于安息香科的植物，非常少见。

陀螺果树就种在樱花树下层的缓坡上，从中央花园的藤本月季拱门穿过去，也可以相通。这里简单铺了园路，用旧树枝做栅栏。一旁还盛开着金色的油菜花。坡上最高处，还隐藏着两层木屋，竟然还挂着秋千，这绿野仙踪的秘境，真像是住着神仙。

其实说过很多次要来看看，无锡也离得近，却一直拖延。

我相信和花园的每一场遇见都是缘分，比如陀螺果树的惊喜，也比如这一场雨后的清新。以及更多，或许下次某一个机会的遇见！

工程师做园丁，
从零开始建花园

从工程师到园丁，
他三个月看了 200 多集纪录片，
零基础造出了 350 平方米乡村复古风花园

图文｜董先生　　**编辑**｜阿风

主人：董先生夫妇
面积：350 平方米
坐标：江西南昌

因为造园之初没有经验，也没有设计师指点，没有专
业的购买资材渠道，没有施工队伍，建园靠一路摸索，
建花园如同脚踩西瓜皮一般。由此，董先生夫妇把自
己的花园命名为西瓜皮花园。

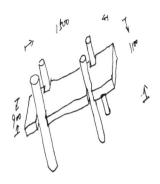

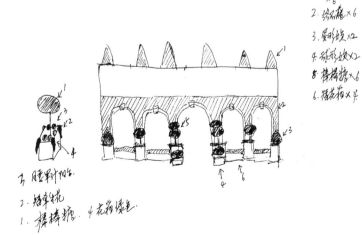

台阶上的薄雪万年草和苔痕很是自然，小动物们很喜欢在这里慵懒地晒太阳

乡村复古风的西瓜皮花园

　　董先生夫妇二人在江西南昌生活，业余时间就喜欢在院子里折腾花花草草。

　　西瓜皮花园整体为"U/V"形花园，分为前院、侧园、后院，面积共350平方米。

　　前院以休闲为主，中心是一块休闲平台，董先生夫妇在这里铺了砾石，搭建了石板凳，干净清爽。四周种了不少的乔木、灌木、草花，错落有致。

　　住宅入口的台阶上，种了不少的盆栽，

踏板上的薄雪万年草和苔痕很是自然，有点儿"苔痕上阶绿，草色入帘青"的感觉。小动物们也特别喜欢在这里慵懒地晒太阳。

　　整个前院是低维护型，清爽简洁，易于打理。

　　侧园是个长方形，董先生夫妇根据这里的地形特点，建造了一个近年特别流行的生态池塘。池塘两岸，种了各种各样的花卉。

生态池塘，靠房子一岸种满了绣球。5月份一岸是绿树成荫，一岸是密密匝匝的绣球临水盛放，波光粼粼，影影绰绰

池塘里，董先生种了鸢尾、菖蒲、芦苇、慈姑、水竹、再力花等水生植物，以维护池塘的生态平衡。最美的当属荷花和睡莲，应了诗句里的"夏日荷花别样红""一叶一浮萍，一梦一睡莲"。

靠近房子的一岸，种满了绣球、落新妇、夹竹桃、紫叶美人蕉、大丽花等植物；另一岸董先生夫妇种了许多观赏乔灌木和花卉，像麻球、橄榄树、滴水观音等，靠近围墙的区域，则种了不少金银花、风车茉莉等爬藤植物。

5月份是侧院最佳观赏期，一岸是绿树成荫，一岸是密密匝匝的绣球临水盛放，波光粼粼，影影绰绰。

后院是最主要的种植区，这里一年四季花开不断。水仙、郁金香、雪片莲、中华木绣球、百合、百子莲、风车茉莉、金银花、银叶菊……每一个季节皆有景可赏！

迎宾区，工整简洁对称有仪式感

工程师的造园历程

　　董先生是个工程师，造园也是一丝不苟的严谨作风。造园之前，他花了整整三个月的时间疯狂学习，看了200多集的园艺纪录片。他整理了很多DIY花园，进行分类，找出优缺点，避免造园过程中出现同样的错误。

　　充分的学习研究后，董先生根据自家花园的情况，确立了建花园的思路。

1. 风格： 乡村复古

2. 结构和节奏：

　　（1）前院迎宾，工整简洁对称有仪式感。

　　（2）侧院放松，自然柔和氛围宁静。

　　（3）后院艳丽，开花植物繁花似锦。

　　（4）游园节奏，从庄重到放松到繁华。

以玻璃门窗为画框，将外面的郁金香框进画中

3. 局部的造景

（1）室内以玻璃门窗为画框，在花园里造景。

（2）室外以小区远景为背景，顺势借景造景。

4. 结构美

考虑层次、比例、大小尺寸、留白。

5. 花园基础元素

（1）小石子、石板、石台阶、绿篱、迷迭香、油橄榄树、铁艺。

（2）基础元素按空间大小配置。

借小区外的远景为背景

池塘宽阔处种上植物，水中呈现色彩斑斓的倒影

根据以上思路，董先生开始手绘图纸

1. 水池："S"形曲线最美，最后水池模仿跳舞少女造型。

2. 木码头：水宽处建码头，水窄处建桥，工艺粗糙，拼接随意。

3. 小桥：纯手工浮雕花纹，宫廷遗址的复古感。

4. 叠水：和暗沟用同质地石板，更接近乡村复古风格。

5. 石板路：铺设节奏模仿钢琴键盘。

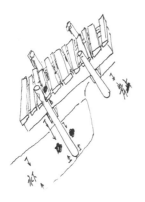

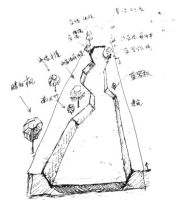

亭亭玉立的荷花挺水而出，娇而不艳

三 生态池塘建造攻略分享

1. 材料设备安装

（1）水缸。

（2）扬程60米的水泵。

（3）水过滤器。

（4）喷灌系统。

（5）花多多1号液体肥。

（6）ec测量仪。

2. 工序

（1）连接: 水缸+水泵+过滤器+喷灌套装。

（2）水肥配比： 一缸水400升，花多多400克，用ec测1000:1。

（3）接电开喷，30分钟后350平方米花园浇水施肥工作完成。

3. 注意事项

这套系统达不到精确施肥的效果，花前花后，喜肥或薄肥没有区分，但是跑赢95%盲目施肥的花友，没有问题。

两位施工人员，一位除了说话什么都干不好的业主，一位号称什么都会干的小工

池塘开挖攻略

1. 材料

（1）池塘防水膜。

（2）防刺土工布（可以用10厘米细沙代替）。

（3）细沙。

（4）小石子。

（5）补漏胶布。

2. 工序

（1）挖池塘（阶梯加深，我是安全为主只弄45厘米深）。

（2）铺防刺布，这个非常重要，布破了麻烦，如果没有布要拍实拍平，铺10厘米细沙。

（3）铺防水膜。

（4）石板压边。

（5）试水几天。

（6）稳定后池塘底铺小石子。

3. 注意事项

（1）布最好用无拼接的一整块。

（2）开挖时注意水平面，水平面高低差得太大了，池塘黑边不好看。

（3）不要急着铺小石子下去，等水位完全调整平，土压实了，没有任何渗漏再铺，准备补漏胶带，万一漏了有对策。

生态池塘的植物攻略

（1）水下部分：苦草、伊乐藻、黑轮藻、狐尾藻、鹿角铁……

（2）水面部分：睡莲、荷花、鸢尾、菖蒲、旱伞草、美人蕉、再力花、灯芯草、木贼、滴水观音、芦苇……

（3）注意事项：水下水草直接种在小石子上；其他植物种在种植篮里放到水下，根系会慢慢从篮子里长出来。

生态池塘养殖攻略

草金鱼、虾、田螺、鲫鱼……各种小鱼小虾。

注意：不要养会长到长15厘米以上的大鱼！如果池塘太小，大鱼尾巴一扫池塘会一片浑浊。

后记

整个花园施工周期大概为一年（多为假期期间施工），且施工人员只有2人，按董先生的说法是：一个除了说话什么都干不好的业主，和一个号称什么都会干的小工。

从最初的造园思路到水、木、石等花园建材的选购，再到开挖堆叠各种施工，再到花花草草的园丁日常……一个健康生态的极具观赏性的花园，是一个强大而复杂的系统。董先生夫妇从零基础开始，走过了造园的漫漫长路，也收获了绚烂无比的花园生活。

斯是陋室，
花园造好就美啦！

图｜小涛　文｜小涛、玛格丽特－颜

主人：小涛
面积：400平方米
坐标：江西景德镇

一个宝藏男孩，每天整土地、种植物、修篱笆、画精灵、做手工、
做蛋糕……井井有条，风生水起，他的生活状态大概是很多人
的理想吧。

斯是陋室，唯吾德馨

　　小涛是一名疯狂的花园爱好者，一直梦想
有个自己的花园。他现在的花园是朋友买下来
的一个带院子的老房子，位于江西景德镇的郊
区。他签了五年的租期。

　　房子内部已经翻修过了，还是有些简陋，
没有他喜欢的落地窗。不过房子简陋无所谓，
花园造好了自然就美啦！

　　小涛说："我想很多人都不会租一个几百
平方米的院子，然后花几年去用心用钱用时间
造园吧！可偏偏我有根筋就这样，虽然只有五
年，但是这五年我去用心设计，栽培搭配，花
园就会慢慢变成我想要的样子。"

　　房子很久都没有人住了，院子更是一片
残败，光收拾就花了很多的功夫，不过对于花

残败的院落和房屋，花5年去用心修整，精心对待

园，小涛有自己的想法。小涛前期看了很多造园相关的书籍，也在网上追过不少的园艺大咖，自己也有一定的种植经验。

2020年4月正式开始造园，差不多一年时间，400平方米的地慢慢有了花园的样子。

中间大花境中暗藏很多砖头石板，走在外圈路上，
可欣赏到各处的景观，有水仙、细叶芒、薹草等

打造一个自然风花园

　　花园大概规划就是中间一个大花境，周围
一圈的路围绕着，里面暗藏很多砖头石板便于
打理植物。这样一圈的路可以全方位欣赏和管
理植物。

　　植物的配置上，以观赏草为基础，主要是
细叶芒和薹草，随机分布在花境中。宿根植物
由于气候差，雨水多，能养好自己又喜欢的太
少了。然而想要花境丰富，赏花期长，一点都
不能偷懒。小涛每年会播种一些一年生花卉，
百日草和波斯菊搭配其中，效果很好。

　　在郊外空旷清透的背景中，自然风花境美
极了，四季皆有不同的风景，早晨晨光中和傍
晚夕阳下欣赏的角度都不同。

　　花园里还布置了一个手工陶瓷精灵小屋，
是一个大的旧桌子改造的，上面有挡雨板，可
以放心地养那些怕雨的草花。这是小涛2017
年就开始研究的，终于实现了。

　　但是小涛目前对他的花园还不太满意，
因为气候和地势的关系，现在的花境工作量太
大，每逢连绵阴雨，很多植物又需要调整。所
以小涛的下一个梦想是搞个大大的花房，雨棚
改成阳光棚，可以种上更多喜欢的植物，适当
减少户外花园面积。

三 造花园，最好的时机就是把握现在

从常人的角度看，小涛这样的生活很辛苦！在荒凉的郊区，租这样一个破房荒地，还只有五年的租约。为了省钱，造园都是小涛自己动手完成。花园里每天都有很多体力活，他还有一堆的作品要去完成。

然而小涛看得很通透，他明白自己想要什么，也明白自己能做什么。勇敢去造一个花园，一步一步地朝着自己的理想靠近，辛苦也乐在其中。

他说："任何时候都不会万事俱备，你想以后有了自己的房子、自己的家庭、自己的稳定事业再去造园吗？太奢侈了，很贵很贵。但现实是没有永恒的事物，包括花园。"

这一路走来，不仅拥有了一个美丽的花园，小涛也因此认识很多有趣和优秀的朋友。他说："你得到的会比失去的多得多。再说了，植物可以寄走带走，实在不行卖了也行。最主要是在这个过程中你不断成长，实力也在不断提升。我相信将来有钱了，也会有相匹配的实力和花园。所以最好的时机就是把握现在，能几年是几年，过程才是最刺激最心动的。我们花园爱好者不就是喜欢折腾吗，想法和审美都会改变。"

很多人都喜欢花园生活，可是总想着必须有钱有别墅，才能实现花园的梦想。然而，小涛却让我们知道：把握现在，过程就是收获。

左页上　用院子里的花做成花束，与甜点摆在一块，氛围感直升

右页　沿着小碎石路边种了些草花，一簇接一簇地开放，非常可爱

在造园中慢慢成长学习，在欣赏花园美景时将花园与喜欢的精灵题材相结合，
创作出不一样的作品

以花园的方式实现"超现实风"插画梦想

花园的劳作需要投入很多的精力，每天还要投入很多时间精力去创作，才能支撑起自己的花园梦想。如何平衡花园和工作，很长一段时间里，也困扰着小涛。

小涛是学绘画的，他的工作是插画和手工。他喜欢画和植物相关的超现实风的插画。他还喜欢动手创作，都是可爱的森林小精灵和小精灵住的小房子。他说："我喜欢精灵之类的科幻片，后期创作可能会增加个性的元素在里面。"

随着造园的深入，花园也变得越来越美。小涛也渐渐找到了插画创作和花园融合的方式。他在学习如何把他的画用花园的方式来创作，而花园也在源源不断地给他提供素材和灵感。在彼此的融合和不断创新中，小涛的作品也有了大幅度的提升，越来越成熟和有创意。

小涛说："这是几年房租换来的，是不是很值得？还学到了造园技术呢！"

从无界花园到社区共享花园

图文｜小2哥　　**编辑**｜阿风

主人：小2哥
面积：200平方米
坐标：浙江诸暨

许家人一所安静的小院
度过每一个风和日丽的下午

　　想要一个安静的小院，度过每一个风和日丽的下午，幸福就这样悄无声息，简简单单过我们内心想要的生活，安安静静跟着岁月老去。这大概是所有人的梦想吧！

　　6岁那年，小2哥户籍跟随母亲，变非农户了。之后的30多年，和土地再无缘分，日子平平淡淡地过去了。

　　直到几年前家人开车路过一个楼盘，无意中停了车，进去看了一下沙盘，已经剩下没几套房子了。有一套沙盘标记着门口有一小块花园可以使用。就那么一眼，小2哥一下子就喜欢上了。想了一晚上，第二天立刻下单买下。

　　现在想来，是多么幸福和幸运可以拥有这一处院落房屋，打造一座门前开满花的家园。

　　和家人一起爱上园艺爱上自然；和花草一起岁月流淌途经四季，贪恋阳光的温度和气味，那盛放和凋零，都融化于细碎的光阴里。

　　小2哥在花园很多处都放置了休闲的桌椅。只要不是盛夏酷暑，三九严寒，能开启花园生活的瞬间，一刻也不浪费！

　　花园也迎来很多友人的观赏和打卡，邻居来赏花拍照便成了日常。

　　有时也会在花园播放音乐，一起唱歌。

　　音乐听着让人很温暖，而歌声，则传递着爱和亲情，有回忆也有憧憬，还有沉默或凝望……

　　我想，这是花园带给我们的快乐吧。

在鲜花盛开的地方办公休闲　　　　　　如果花草会说话，那会是怎样美妙的故事呢

造园过程中，迎来花园的第一个春天

距离交房还有一段时间，小2哥就忍不住开始了花园的规划设计。

那时候院子里绿化的黄土已经铺满，还没铺草坪。小2哥没学过花园设计，查资料看造园都要先放样，于是买了一包粉，按纸上画的草图边学边放样。

主花园朝南，全日照，小2哥计划做个鱼池，做点汀步（当时完全不懂专业术语，只知道需要铺点小路，看着别人家都有的那种），还要种点树、种满花。

东侧3米宽，光照不好，适合比较阴生的植物。

花园的排水也很重要，小2哥开始叫了专业水电工，沟通了很久，还是没能明白他想要的。小2哥只能用自己懂得的一点点水电知识，在每一根管子上切割了上百条槽，组装了现在最满意的排水系统，养花就不用担心积水

的问题了。

在基础工作完成后，便需要种植物了。小2哥从开始的一窍不通到现在了解植物的习性，设计花境，把花园建得越来越美。他还进一步学习造园，为更多的邻居们设计花园，成就现在的"共享花园"理念。如果花草会说话，一定会跟我们说着很美妙很动人的故事……

在这样的造园过程中，花园迎来了第一个落英缤纷的春天。

小2哥说："关注一株植物的兴衰，一如感知一个生命的悸动。慢慢感悟到，生活的乐趣和美好，就是人与花草的对话，感受大自然的呼吸和律动。被花草树木包围，静静地享受阳光，举起相机，拿起剪刀修剪的片刻，也留存记录下这些最美好的瞬间。在无数个瞬息间，迎来一个又一个的四季。"

风车茉莉
花架
树月季

木本植物　　草本花境　　宿根花境

大游行
月季花架

花园入口

水池假山
孤岛
小溪
木桥
休闲椅

鹅卵石
路步道
凉亭
秋千
入户门

阴生花境

绣球长廊

箭头为四个进花园入口
花园无界
花园门只为装饰

【造园经验分享】

　　前期越精细，后期的工作量越少，尽可能往后几年规划，花园会更美。

三 从无界花园到共享社区花园

小2哥的花园没有围栏，被称为"无界花园"，不少邻居、花友都曾拜访过，有网友感慨：站在他的花园中间就像拥有了全世界。

后来小区不少邻居请小2哥帮忙规划建造花园，小2哥觉得既然一家两家都要打造，不如一起打造"花园式小区"。在小2哥的带动下，小区内20多个业主都在房前屋后种上了花草，品种达到300多种。

小区还为此成立了志愿者队伍，大家一起做拔草、施肥、松地等各种养护工作。

小2哥的花园是无界的，园艺也是无界的。在这个小区，这些院外大家一起建设的花园，也成了小区一道靓丽的风景线，社区式花园共享空间，像一条无形的"纽带"，以花为媒，巧妙地拉近了邻居住户之间的距离，邻里关系也愈发和谐。

网友@杨柳依依评论道：

这个花园里有着独特的灵魂：有爱、有生活、有共享的理念是邻里和睦的桥梁和纽带……小2哥打造的这个花园，不是私家花园，也不仅是开放式花园，而是共享花园。他把自己的院子打造得让邻里喜欢，大家经常在花园里交流、拍照打卡，还在这里举办业主联谊活动，小区的空地也都由他在闲暇时光去种植各种美丽的花草。这个小区也因此被评为花园式小区。"以点带面"式的花园式小区，得到了很多人的肯定，其他小区的业主也开始了造园……

没有围栏的花园，与自然更紧密相连

从无界私家花园到小区共享花园，推行花园式小区，从家人到邻居，小2哥都甘做那个护花使者，在实现了自己的美好花园生活之外，也为社区带来了园艺能量，传播了健康美好的园艺生活方式。

共享花园，告诉我们园艺还有更多可能性、可行性。

入目若是阳光，处处便是诗意。

淡泊之心，宠辱不惊，看庭前花开花落；去留无意，望天上云卷云舒，任四季轮流转换，只要用心，花园就给你季节的温婉情怀。

入目若是阳光，处处便是诗意

钢筋丛林里的绿色家园

图｜叮当猫　文｜叮当猫·玛格丽特·颜

阳光灿烂的午后，慵懒地窝在躺椅上，读一本书，品一杯茶，和花草为伴，与花香为伍，这样休闲的时光是最让人感觉到幸福的了。黑塞在《园圃之乐》中说：

『与泥土植物为伍，能叫人精神松弛，给人带来心灵的平静，其作用与静思打坐十分类似。』

主人：叮当猫
面积：100平方米
坐标：浙江诸暨

门廊位置布置了工具墙，配上一些植物，就是一个完美的陈列展示区

钢筋丛林里的小花园

酱子花园并不大，加上一侧狭长的过道，也就100平方米。光照通风也一般，放眼四周，都是楼房。叮当猫戏称自己是在钢筋水泥的丛林里打造绿色家园。

花园在屋子的北侧，方方正正的。推门出去的门廊位置，叮当猫布置了工具墙，好看的常用的工具放在这里，配上一些植物，就是一个完美的陈列展示区。更多种植土花盆之类的，放在西侧过道边的蓝色工具房里。

花园俯瞰图，在钢筋水泥的丛林里打造绿色家园

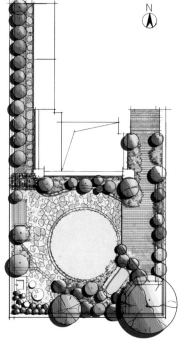

台阶下去的木平台是休憩区，一侧与邻居相邻，搭建了木栅栏，留了30厘米的花坛种植物。周末或者节假日叮当猫会在这里铺上餐桌，放上水果点心和友人们欢聚畅聊。

坐在休憩区可以看到一旁小小的鱼池，这里是鱼儿们的家，也是孩子们玩闹嬉笑的好去处，傍晚时分他们经常会拿着网兜在这里跟小鱼捉迷藏，时而抓鱼时而追逐。

在花园的最正中位置是一块大草坪，秋天补撒上黑麦草和果岭草草籽，这样冬天它依然是青翠碧绿。

西面花园狭长的长廊

西面花园狭长的走廊，是石板和碎石铺的通道，这里光照不好，一旁的花坛里种满了绣球，它是春末夏初的主角。每到绣球花开的季节，叮当猫都会剪上一篮送给朋友，花园的分享是快乐的。

过道上的蓝色的小木屋，就是工具房了，四周缠绕着满天星灯串，夜幕降临时分是它一天中最绚烂的时刻。

花园里还有一大亮点是操作台角落。彩色贝壳一样的马赛克瓷砖，搭配一旁地中海风的蓝色拱门、长椅和围栏，让整个花园充满了自由、自然、浪漫、休闲的氛围，仿佛置身于希腊，海风吹拂中闻阵阵花香。

其实这一处，叮当猫原计划是做一个纯水泥墙，再加个廊架，酷酷的自然风格。因为小区不让搭建廊架，水泥矮墙则让这个本来阴暗的角落更阴暗。于是叮当猫到处搜寻，买了很多材质，最后选定了这种马赛克瓷砖，效果非常好。

彩色贝壳一样的马赛克瓷砖搭配蓝色围栏，让花园整个充满了自由、浪漫、休闲、自然的氛围

淘汰和筛选，找到最适合你的花园的植物配置

叮当猫经过几年的试验，植物换了一批又一批，不断调整，现在植物都是筛选后最适合花园环境的，花境搭配也显得和谐自然。

比如淘汰了大部分月季，只留少量几棵，爬藤植物用风车茉莉替代。

叮当猫说："造园前到处去学习，被那些开满月季的私家花园美到了。所以开始时她在花园里种了很多月季。然而，实际上她的花园环境并不适合月季。四周有围挡，光照和通风都不够，也容易滋生病虫害，尤其是梅雨季节，闷湿炎热，花直接在枝头就发霉了。很多次她雨天打着伞去给月季摘除病叶霉叶，浑身湿透，分不清雨水还是汗水，非常狼狈。裸露的胳膊手上也都是被月季的刺划的伤痕。而且开始时她也不懂修剪和施肥，月季花都开得不好，才发现：梦想和现实，就是卖家秀和买家秀的差距。"

草花也不能种太多，否则花期之后，需要重新调整，并且会有一段很难看的"空窗期"。百子莲就很好，在绍兴可以四季常绿，深绿的宽线条让花坛变得生动，也容易搭配棒棒糖等造型植物。5月开花时，百子莲高挑的紫色星球，顿时把整个花园都点亮了。

鱼池边的植物也经过了几轮调整，叮当猫说："光照不好的位置，种植肾蕨的效果要比玉簪好。"

整体来说，花园简单随意，很像花园主人叮当猫，有点天真，有点纯粹，总是单纯快乐的笑脸。

鱼池边的植物经过了几轮调整，光照欠佳处种植肾蕨，棒棒糖等造型植物也让花坛变得生动

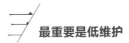 **最重要是低维护**

　　叮当猫以前在医院工作，早出晚归非常
忙，只有偶尔休假时才有空打理花园，但又喜
欢花园，希望花园总是美美的状态。所以也慢
慢摸索出了"好看又低维护"的花园模式。

　　她说，最开始只考虑花园好看，维护精力
和成本都很高，搞得自己很辛苦。后来发现这
样是不行的，花园是生活的一部分，不能为它
所累。最重要是根据自己的时间精力，和花园
之间找到一个平衡。而这个平衡的关键就是植
物如何配置。

　　这些年，叮当猫在不断摸索和学习的过程
中，也开始帮朋友邻居做一些花园改造和花境
配置，在实践中进一步完善"低维护花园"的
思路。

花园是生活的一部分，不能为它所累，要低维护来更多地享受花园带来的美好

中层、高层以常绿植物为主，应季开花植物只需少量点缀

【低维护植物配置经验分享】

1. 骨架植物一定要选好（2~3棵大的乔木，注意高低层次）。

2. 中层选择一些四季常绿的棒棒糖造型植物，如亮晶女贞、川滇等。

3. 下层可以选择一些球类的灌木，好养护耐修剪，比如龟甲冬青、红花檵木、亮晶女贞球等。同时穿插绣球、百子莲、玉簪、肾蕨、喷雪花等，常绿植物尽量在三分之二以上。根据搭配需求，再补充一些滨菊、千鸟花等宿根草花。

4. 应季的草花所占比例最少，只是作为点缀。有空就多种一些。

　　现在的叮当猫，已经成了一位全职的花园设计师，她把这些思路运用到造园中，帮更多的业主打造美丽的绿色家园，让花园新手们少走弯路。

四 和花园一起成长

我们常说："和花园一起成长。"

其实这个成长不仅是花园的成长，园丁的自我提升，还包括随着时间的推移，孩子们长大了，我们的生活或认知也发生变化，花园也需要及时做调整。

以前因为两个孩子还小，叮当猫设计花园的时候考虑到空间必须安全宽敞，孩子们有草坪可以跑来跑去，还有鱼池可以玩，用花坛种植物能让花园更整洁等。然而，随着孩子们长大，生活需求也发生了变化。花园里更需要一个宽敞的全家人可以坐下来休憩的区域。园子的架构和花境的布置也需要相应调整。

在采编的过程中，叮当猫已经在准备酱子花园的2.0版本了，期待哟！

需要宽敞的休闲区供全家人坐下来休憩，蓝色的木椅与蓝色的拱门，使内心更为平静祥和

云深理花忙，山中岁月长

——生田社"山中花园"营建随笔

图文｜肖磊　**编辑**｜玛格丽特－颜

主人：一群设计师
面积：3000平方米
坐标：浙江空心村

一群设计师告别大都市，在天姥山下的空心村，建了
一个3000平方米的大花园。在山里栖居并养家糊口，
怎样成为可能？

天姥山下的缘分

在村径、池塘和菜园边，农舍花园穿插其间。青山为邻，泉溪为伴，四时之花共呼吸。有客来村，忘忧而不知返；长叹，好一个桃源深处。

生田社位于浙江绍兴的天姥山下，原来的村落叫"生田"，我们延续了这个名字，把新社区取名为"生田社"，意为"生活的田地"。这里原本住了十三户人家。后来，原住民陆续走了，村子渐渐空了。成了一个残垣断壁、杂草蔓延的空心村。

四年前，机缘巧合，我们找到了它，也或许是它一直在等我们的到来。

一切，缘分，不可言。

山中花园 共舞自然

　　村子占地7亩，地处山谷，是一个缓坡地形并有天然水溪穿过的美好之地。所有的建筑都是在原来民舍的基础上改建而成。结合村落地形，几位设计师特别辟出3000平方米（约5亩）建造花园。包括主庭院与主草坪、岩石花园（半阴湿、季节性水生环境）、欧洲月季花园（半日照环境）、天空花园（日照环境）、野花境（日照多风环境）、池塘（水生环境）、村径和菜园（农耕环境）。

　　主庭院 在我们设计工作室的门口。效仿传统农宅的院落，设立了三面墙围合出一个庭院。中央保留了以前的一株老柏树。围墙的三面开了三个洞，面向青崖、欧洲月季花园和岩石花园。通过这三个洞，将整个村落场地最重要的景观要素，有机沟通起来。当人们立足主庭院时，仿佛站在了整个山谷的舞台中央，被不同的景致包围。

岩石花园 主庭院的北侧，每逢雨后，会有一条山溪曲折而下行，沿着院墙的西外沿，最终汇入池塘中。我们保留了这条伴随时节变迁而呼吸的水溪，并把从山里、地下挖掘而来的岩石，堆叠起来，与山溪一起，形成一组岩石景观。

造景的过程，颇有些古意。老曹跑上跑下，跑前跑后，审视并确定主要的景观构成要素的位置。指挥工匠在相应位置堆叠小石块，一是用来定位，二是用来给巨大的岩石奠定基础。然后，再指挥挖机师傅，把选定的每一块巨石，按照次序放置在相应的位置。期间，也少不了因势而为的调整。最终，这小小的一方花园，足足用了满满的一天，才初步安置妥当。

岩石花园中间，是一条折线的白练。好似之江一般，清冽干练而又蜿蜒内敛。希望这一处小景，能寄托我们对"浙江"二字的祝福。而面向岩石花园一侧的院墙，预留了几组开洞，如画框一般，让人窥见花园一角，但又遮蔽了"主峰"。当我们退到更远的草坪时，映刻在远处院墙上的两幅山水，成了一副让人注目的背景。

欧洲月季花园　原来村落的西侧，有一小块荒废的菜地。我们把菜地四边通过石坎围合，做了一个偏欧式的花园。在花园西侧用柏树树阵打造了深色的背景后，在其中央设置了一条轴线，并参考阿拉伯世界"天堂花园"的要素，做了一道水渠，汇入到满月形的浅塘中。水渠并非居中，而是偏向一侧，增添山野花园的随性感；满月水塘与主庭院的月亮门中点相对，仿佛月亮门的月影投射于此。塘四周设置三块天然岩石，取对饮三人之意。在水渠两侧，种植二十多种欧洲月季。每年5月的盛花期间，此园花团锦簇，甜香四溢，惹人垂爱。

左上 狗狗依偎在一旁眺望远方

左下 既为访客添加戏剧性体验，又可用做临时避雨遮阳的小亭

右 人行其间，好似站在云朵之上

天空花园 村落南侧有陡坡入山谷。山谷里种植了大量的板栗，撑起了整个村落的背景。我们利用陡坡砌坎，做了一个台地，并成为整个山中花园的制高点。人行其间，好似站在了云朵之上。

我们将台地的场地划分为两个部分。一侧以草坪为主，作为户外就餐和运动的区域；在草坪上可以远眺青山，并同我们工作室的白色建筑遥相呼应。另一侧以花境为主，曲折蜿蜒，并通过缓丘地形创造景深；花境的设置，也成为一侧的餐厅绝美景观。

在天空花园的西侧，我们预留辅助的院门，参考拙政园"若有光"的做法，形成了一个"山洞"。这样既为访客添加戏剧性体验，也可用作临时避雨遮阳的小亭。

而在天空花园的南侧长墙，我们做了"高山出明月"墙体设计。一轮玻璃圆月，映射出北侧的自然山体，而途径于此的人，好似步入了瑶池仙班的月宫之中。

野花境和水塘 原来的村落缓坡下，有一处水塘。当我们初来村子的时候，已基本淤积了。我们把清淤的塘泥堆在了塘一侧，并形成了一个斜坡，种植了野花和芦苇。期间贯穿了几道小径，行走其间，野趣横生。同时，环绕池塘做了两道塘坎。内侧的一道比外侧的矮。水塘的水位可以漫过内测，形成一个水深40厘米的buffer区域，种植了多种水生植物，作为人工湿地，过滤汇入池塘的泥沙杂物。村落的溪水流入池塘，经过湿地过滤，再流入下游的农田中。水质清爽，塘中有野鱼无数，蛙鸣彻夜。

左页 将池塘中的淤泥堆于一侧，栽我种野花和芦苇

右页 行走其间，野趣横生，塘中有野鱼无数，蛙鸣彻夜

老城居民的对联　　　　　　　　　　　降低物欲，与山川为伴

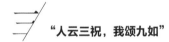 **"人云三祝，我颂九如"**

离开迷乱心神的大都市，回归山野。

山里朋友华哥，在潮州探索地方美食的时候，拍了一张老城民居的对联。上书，"人云三祝，我颂九如"。

"三祝"出自《庄子　天地篇》，意为"长寿、富有和多男"；"九如"出自《诗经　小雅》，意为"如山、如阜、如冈、如陵、如川之方至、如月之恒、如日之升、如南山之寿、如松柏之茂"。

市井繁华，小巷栖居；不求富贵，只求与山川日月同呼吸。这份追问生命本质的人生追求，是何等的高妙？直击我的内心！

然而回归山野并不容易，我们也经过了很多生活的调整。在不断降低物欲、调整并平衡工作和生活之后，作为设计师群体，我们逐渐探索出一种在山里栖居并养家糊口的可能性，包括设计、摄影及花园民宿。

我们更希望，这座山中花园可以成为一个磁石：讲述我们的追求，也吸引拥有同样追求的人来此邂逅。"以园会友，以友辅仁"。

四 在"生田社"，真我地活着

真诚地面对自我、随性地面对自然，其余的事交给时间。

一晃四年，安安静静，山里耕读，少有寂寞的时刻。不知不觉，花渐盛，水渐丰，这里已然"春燕归堂满园新"了。

在山里生活久了，才真的发现，自然的变迁是如此美妙。

春花秋月，夏虫冬雪，日偏雨斜，月皓星转，自然盛宴永不停歇。

栖居山间，常常感叹，完全不想在室内久驻。大自然的繁盛，与农舍的简朴，正好构成了田园生活不同于都市生活的核心。

走出房屋，走进自然，我们才能真正获得自然赋予我们的富足。

山中岁月长。从没想预想，坚守山野这么久，仍能保有热情和期待。在与山中花园共同成长的时光里，我们在土地耕作间收获喜悦，在与自然交往中懂得分寸，在四季变迁里找到归宿，在重塑山村后修身悟道。

朋友说：生田社就是一个世外桃源，就是这种"真的活着"的感觉吧。

左页下　川原秋色静，芦苇晚风鸣

中　　　呆呆冬日出，照我屋南隅

右页上　绿树村边合，青山郭外斜

右页下　道狭草木长，夕露沾我衣

一捆藤花园，
因着开放花园的初心

图文 | 特仑苏、玛格丽特－颜

主人：特仑苏
面积：2000 平方米
坐标：浙江温州

造园本身的意义是让人们回归生态，与自然共生，
我们希望将大自然融入花园，带给人们不一样的
花园体验，重新唤醒人们对自然之美的感知，让
更多的人因花园之美而爱上园艺。
时至今日，一捆藤花园历经了整整四年的时光，
收获了无数人打卡，成为了温州网红新地标。

满满的
眉们
就是小小的洞儿也盖出来
溢出来
—— 山村暮鸟

摄影の欢宾

密丛中的几株芭蕉，下雨时发出美妙的声音

开放花园的初心

　　1999年我开始接触园艺，渐渐变成一个疯狂的植物爱好
者，参观过国内外很多大大小小的花园。园艺最大的乐趣是分
享，然而在国内开放参观的私家花园为数不多，所以我想建一
座花园，和大家一起领略花园的四季之美，传递美好花园的生
活方式！

　　梦想是一种信仰，它终将会抵达彼岸。

　　2018年的8月在一片废墟之中我和团队开始了梦想。

植被郁郁葱葱，即使艳阳高照，也能给人舒心的凉爽

因为最开始的设想就是做一座对外开放的四季花园，所以在功能规划的细节上考虑的东西很多。我们还需要做各种业态的植入，像西餐厅、民宿、园艺盆栽展示、婚礼派对活动以及园艺工作室的各个空间都需要设计进去。

国内很多花园的主理人都是女主人，大概花园的柔美和女人的气质比较相通。男人的花园应有男人的阳刚和硬朗，所以在造园中，我搭建比较高大的廊架，用大块的枕木和原始的石板作为道路，还用了几十吨的溪滩石堆砌了一个生态鱼池。选择比较高大的植物做骨架植物，相较于小树的慢慢养成，我更倾向于用效果换时间。

花园的建设之路充满艰辛和挑战，也乐此不疲。2000多平方米的花园打造，记不清经过多少次的修改调整。设计和造园整整花了两年，我还记得过程里每一个忙碌的清晨和傍晚，当然更多的是花园渐渐成型带来的欣慰。

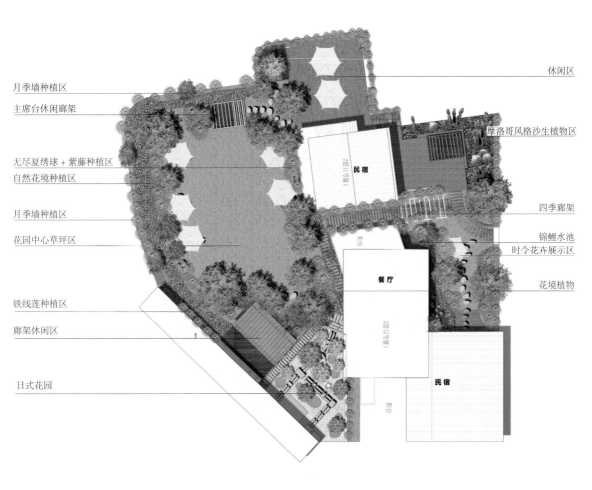

休闲区

月季墙种植区

主席台休闲廊架

摩洛哥风格沙生植物区

无尽夏绣球＋紫藤种植区

自然花境种植区

月季墙种植区

四季廊架

花园中心草坪区

锦鲤水池

时令花卉展示区

花境植物

铁线莲种植区

廊架休闲区

日式花园

2楼(1号楼)

民宿

阳台

餐厅

2楼(2号楼)

阳台

民宿

一捆藤花园

　　一捆藤花园的入口就在小村的商业街上，石头堆砌的围墙，缝隙里种了各种多肉植物，矮墙顶上的龙舌兰长得巨大，石墙旁茂盛的植物窜出百子莲耀眼的大花球，经过的路人一眼就能看到。

　　里面的花园很大，足足有2000多平方米。围着两栋分开的建筑，花园分为前院、后院和副楼侧面的休闲区，以及两栋楼之间的过道花园。

以绿树环绕为背景，空旷处架起秋千

原木搭建廊架，外围是沙生植物种植区

【前院】

从入口大门进入就是前院了，这里面积较小，主楼餐厅前面的空间做了一个清爽的自然风花园，以汀步草坪为留白，周围布置花境，门口的一棵橄榄树已经结了果实，靠餐厅的位置还有一个连通室内的锦鲤池。

前院的另一半，本来是很简约风的户外休息区，靠墙种了银叶金合欢和野牡丹等，像是一面茂盛的绿墙，地面铺了白色的碎石，布置了一个蓝色的摇椅。

在外墙茁壮龙舌兰的鼓励下，去年我把它改造成了一个摩洛哥风格的小花园，原木搭建廊架，外围做了沙生植物种植区。背景的墙面涂成爱马仕橙，花坛也是用同色的贴面，铺面是红色的火山岩，浓郁的色彩搭配沙生植物的线条姿态，立刻让这一处充满了异域风情。

植物们就像是孩子，需要精心呵护，而园丁就是它们的家长。为了种好这一块的沙生植物，可真没少操心，为解决排水问题就运了一大车的陶粒和好几吨的河沙，也是下了血本。我还为它们特意搭建了一个冬天保温的架子。

副楼是原来的园艺工作室，也做了改造，布置成了摩洛哥风情的包厢，和小花园相呼应。

171

【侧院休闲区】

这里是极简的现代风花园，宽敞的平台空间布置桌椅做了休闲区，边上做了高低错落的两层花坛种植区，分别种了含笑棒棒糖和狐尾天门冬等，简约清爽。

另一侧靠着副楼老建筑的外墙，搭建了铁艺的外楼梯，紫藤慢慢地绕上了栏杆，爬到了二楼的阳台上，现在几乎包围了半个房子。每年4月花开的季节，整个老楼都飘着香味。

阳台下的位置也利用了起来，靠墙做了一面非常有特色的工具墙，地面铺碎石子，小通道曲径通幽，和一旁外侧的后院草坪有花境隔开，在悬垂的紫藤枝蔓间互相映托。

墙上挂了一排大小不一的园艺工具

副楼的二层是一间北欧简约风民宿

夜晚的灯光下，黑瓦老墙像是梦幻的世界。

【后院】

后院面积最大，中心部分是块椭圆形的草坪，作为户外活动的主场地。四周种植了不同季节不同花期的各种植物，每一个季节都有不同的景色。2月的银叶金合欢，开花时满树都是金灿灿的；3月有开满白色大花球的中华木绣球，也是走廊处最出色的背景；4月紫藤和铁线莲花开、搭配直立花序的毛地黄，像是绿野仙踪。5月最美的是那面欧洲月季木栅栏墙，这里种了'龙沙宝石''瑞典女王''藤冰山''熏衣草花环'等，开花的时候数都数不过来。这面月季墙还在2019年在虹越全国月季比美大赛中获得了第一名，现在俨然成了我花园的标志景观，无数客人过来拍照打卡。

在花园的北面三角地带，还藏了一个日式庭院，春天的时候，枫树各种深深浅浅的绿，还有羽毛枫的嫣红，配上碎石汀步石灯笼，是如此美好安静的时光。这里还设了一个独立茶室，三五好友在这里，喝茶聊天，一个下午悠然而过。

和日式庭院的篱笆隔开是一处玻璃顶廊架休憩区，一些园艺杂货就布置在这里，这里还有个户外操作台，方便活动时使用。我喜欢下雨的时候坐在这里，捧一杯咖啡听着雨打芭蕉的声音。

碎石汀步与石灯笼，是如此美好安静的时光

日式庭院的西面二楼是土耳其风情的纯白洞穴民宿。

白桦木搭建的廊架，上面是风车茉莉和藤本月季

【过道花园四季长廊】

　　两栋建筑间有个狭窄的通道，也是前院和后院的连接，这里是花园最浪漫的地方。白桦木搭建的廊架，上面早已被风车茉莉爬满，开满花的时候满园都是它的香味。地面是枕木碎石，两侧种了欧洲月季、蓝雪花、百子莲、绣球、紫藤，还有爬上墙面的爬山虎，为这个长廊带来每一季不同的风景。

三 置身丛林中

主楼位于整个花园的正中心，是在老建筑的基础上加盖了新的玻璃结构建筑，有上下两层，加一个斜坡屋顶。室内也摆满了绿植，布置成了丛林式的咖啡馆餐厅。

从前院入口进入老建筑的一层，是各种植物的展示区，搭配园艺杂货做了几处特色的小场景。

老建筑和新建筑的连接处做了开放式吧台，这一处是鲜花和绿植布置，营造氛围感。

主体餐厅部分则是半开放的，上下两层的墙体全部用落地的大玻璃窗，减少遮挡，让整个建筑都在花园里，让阳光照进来，也让室内空间和户外花园完美地融合在一起。

这里不同区域布置了不同风格的植物。顶上悬挂着肾蕨，角落里则是线条感很强的沙生植物区，还有森系风散尾葵、琴叶榕等，搭配杂货和容器，每一处都是一幅简约时尚的画面。

靠窗还有一个和前院生态鱼池相通的部分，玻璃幕墙下并没有完全封闭，鱼池一部分在室外，还有一部分成了室内的景观。绿植在有水的空间里长得更加旺盛有生命力。这部分也是特别设计的，真正把室内和室外的花园汇通了起来。

餐厅有两层，二楼更明亮通透，利用墙面、悬挂的树枝等布置绿植杂货小景；靠墙的一侧，一棵巨大的龟背竹藤蔓用钢丝牵引着连到了屋顶，搭配白桦木做的木梯，空间顿时就立体了起来。餐桌上也摆放着各种绿植的瓶插盆栽，多数是从院子里剪回来的，龟背竹的叶子用来插花瓶也极好，可以摆很长时间。

坐在一楼的餐厅仿佛在丛林的感觉，四面绿意环绕，植物和鲜花的清香，结合木头散发的原味，仅仅是坐在这里都是一种享受

外侧的阳台上还布置了一些盆栽，特别用了棒棒糖形、直立形和塔形等造型灌木，和餐厅的简约风一致。同时，这些绿植也让室内和花园空间完美过渡。

二层还有民宿，清晨在鸟语花香中走到阳台，可以环视整个花园的样貌，不远处是掩映在绿树山峦间的山村景象。

简约风的餐厅，简约的绿植，一切都是那么纯粹美好

棒棒糖造型灌木

【室内绿植养护分享】

　　1. 悬挂的绿植浇水和漏水的问题。

　　悬挂花盆底部是不漏水的，这样就不用担心滴水的问题。肾蕨非常皮实，对干湿的忍耐度比较大。另外，一次浇多少水量以及多长时间浇一次，在经过不断测试后有了相对精准的数据，养护就省事很多。一年几次混点水溶肥即可。

　　2. 室内绿植盆栽养不好很多是光照和通风不够的问题。

　　餐厅里的全方位落地玻璃窗，给绿植提供了明亮的光线，另外锦鲤池和户外的相通，也补充了室内的空气循环。在闷湿的季节里，室内还会加几个电扇增加空气流动。这些都对室内绿植养护非常有帮助。

　　3. 选择适合的绿植，并根据不同植物对光照的需求度摆放在室内明亮或稍暗的位置。

　　推荐常绿低维护且叶形出色的南方植物，比如龟背竹、彩叶芋、鹿角蕨可以倒挂在墙上，修长的霸王蕨、银色的空气凤梨、八爪鱼的石松等都非常出效果。

四 花园经营理念

温州人的脑子从来都不缺商业的思维。

"做一个能对外开放的花园，让更多的人接触花园、爱上园艺，同时也兼做商业的运营，让情怀和分享园艺可以走得更久远。"这是主理人特仑苏在建园初始就做好的规划设想。

最开始选址的时候，就考虑到这一处山村距离城市半小时不到的车程，靠近温州乐园，旁边有大罗山、塘河、古民居等丰富的自然资源。小村依山傍水，非常美丽，当地政府也正在打造以文化旅游、商业休闲、音乐艺术、创意民宿、精品酒店等结合的乡村旅游综合体。利用环境的优势，也是经营很重要的一环。

园子里本来有的两栋建筑改造后作为咖啡馆、餐厅和民宿的主体。除了咖啡馆日常对外，餐厅只接待预定套餐式的下午茶和晚餐，活动或派对也都需要预定。民宿房间少而精，都非常有特色，新布置的洞穴民宿一经推出立刻成了网红打卡圣地。

花园一方面为餐厅等经营服务提供环境的加分项。另一方面，花园本身也兼具了多项功能：游客可以来打卡摄影；花园里还专门打造了一处画画的基地；日式茶亭、休闲区、草坪区可以接待不同人数的聚会和户外派对活动。同时，花园还是设计和绿植展示的样板区。旁边就是我们的一捆藤园艺设计工作室，提供花园设计和建设以及绿植空间布置等服务。

一捆藤花园，是餐厅，也是民宿
你可以和朋友一起在这里品尝美食，参加派对
也可以和主人一起聊一聊花园
或者让他帮你设计定制属于你的花园
或者就聊一聊"一捆藤"吧

先生的海，美丽姐的花园

图文 | 玛格丽特－颜

主人：陈大爷和美丽姐
面积：520 平方米
坐标：福建霞浦

很多年前，热情能干的美丽姐从部队退役回
到霞浦，工作之余便在阳台上侍花弄草。先
生许诺："总有一天，我要给你一个花园，
面朝大海，春暖花开。"

在花园民宿"先生的海"小住，邂逅美丽姐
的花园，我又相信爱情了。

"先生的海" · 源于海

霞浦的海边，三沙镇的小皓五彩沙滩，常年都有很多摄影爱好者到这里拍摄美丽的滩涂风景。海边是政府建造的别墅区，走出去几十米就是大海。

先生陈大爷是一个学矿业的典型理工男，因为从小生活在海边，一直对大海有特殊的情怀，所以看到这处带了很大面积花园的房子，想着曾经对夫人的许诺，毫不犹豫地就定了下来。

那时候，夫人美丽姐还在家里的阳台屋顶上种多肉，看到这一处的花园后，简直惊喜极了。后来给民宿取名字的时候，美丽姐说这是"先生的海"，陈大爷说这是"美丽的花园"。于是，便有了这所美丽的花园民宿——"先生的海"+"美丽姐的花园"。

通透疏朗·要见海

陈大爷想要的花园必须"通透疏朗，不要遮住海。"所以花园里并没有种很茂盛的树，没有遮挡，从入口一下子就可以看到整个花园的布局，在花园里也能一眼看见海。

走进花园，一条"S"形的小路通往房子大门的入口。右侧是个鱼池，石头都是从附近的海边捡回来的。那些日子，夫妻俩成天去海边晃悠，搜寻适合放在花园里的石头，请工人抬回来。陈大爷说："每块石头捡的时候就已经想好放在哪里了。"

路面也是老青砖铺的，两边种上了美丽姐喜欢的绣球。春天的时候，开满了蓝粉色的花，来住的客人都忍不住打卡拍照。

左侧是一大块草坪，里面有石头铺的小路。中间的一棵杜杉是陈大爷朋友送的。

再往前，一个下沉式的休闲区，同样刷成蓝灰色的木廊架，悬挂着蕨类、常青春藤、蔓长春、千叶兰等，沁人的绿色和白色的纱幔相互协调，淡雅而鲜活。靠垫是绿色和蓝色的，搭配白色的桌子，很温馨。这里也是客人最喜欢待的地方，晚上在这里，抬头可以看到满天的星空。周围的绣球和美女樱盛开着，一棵银叶金合欢已经长得很大，银灰色的一丛非常出彩。

靠近墙边，还有两棵芒果树，挂着的芒果舍不得摘。

一个木平台是用来给客人锻炼做瑜伽的，

园中没有高大茂密的树，因为不能遮了先生的海

沁人的绿色与白色的纱幔相互协调，淡雅而鲜活

鱼池中的石头都从附近的海边捡回来的

蓝灰色木廊架，悬挂着蕨类、常青藤、蔓长春等植物

或者就泡杯茶坐着，听海浪的声音。

花园的两侧很狭窄，一侧顺着草坪上的石头路可以走过去，悬挂秋千的木廊架做了分隔，里面两侧也都是种的绣球。

对于花园到底什么风格，种什么植物，陈大爷和美丽姐可没少争执。

"那谁赢了呢？"我问。

陈大爷说："相互妥协吧，其实我妥协

更多。"

美丽姐说："并没有，还是以你的风格为主啊，要Man，要松树、罗汉松。不过花园够大，种花的地方够了！"

美丽姐喜欢的欧洲月季、绣球、草花，点缀在花园的各处，花园里还有欧式椅子、灯笼等小摆件，极大地柔化了建筑物和花园本身的硬朗。

三 现代轻奢 · 享受海

霞浦城里的家，陈大爷和美丽姐已经不愿意回去了。他们把民宿当成了家，和住宿的客人聊聊天，生活也不会枯燥。

其实也不完全是单纯为了做民宿。装修的时候，陈大爷和美丽姐看着这么大的建筑，想着退休后总不能就老两口住着吧，一合计，便才做了民宿。

民宿设计了八个不同风格的房间，定位是：舒适、轻奢、现代、古朴。

部队出来的美丽姐特别爱干净，她说自己有洁癖和强迫症，所以每个房间都是简约整洁，床品和洁具也都要高品质的，虽然有阿姨打扫，她还是忍不住每个角落去重新加工。

"你把它当家了，客人就会住着像家。"美丽姐说。

确实如此，在"先生的海"这一晚，两个孩子都特别喜欢放松，待在屋子里，就像待在家里一样自在舒服，连晚饭也不肯出去吃。我们住的是顶层榻榻米的大房间，三个铺，外面有很大的阳台，可以看到不远处的大海。

后院，主人还专门建了一个洗衣房，方便客人洗衣服。美丽姐帮我把衣服晾在了花园里，就这么个细节让我心头一暖，感觉更像家了。

餐厅和暖心的早餐

上　　花园的大门入口就在路边，白色的
木围栏，依稀可以看到花园里的风光。
春天的时候，欧洲月季和木香的枝条蔓
过了围栏，娇艳地盛开在路边

下　　每个房间都是简约整洁的，床品、
洁具也是高品质的，这里像家一样让人
放松、愉悦

四 "先生的海"花园民宿造园TIPS

1. 花园除了布局，装修前就要考虑排水问题。

2. 造园的时候就要考虑土壤改良，土好了，
   花才养得好。

3. 草坪做了小坡，也是为了更好排水。

4. 民宿的花园其实不需要太多花，恰好就够
   了。要有草坪和活动区。

这个花园，从设计到施工到种植，都是陈大爷和美丽姐两个人亲力亲为，边学边做。除了阿姨会帮忙浇水，花园的日常打理也都是美丽姐在做。

先生说夫人："一头扎进花园，十头牛都拉不回来！"

其实花园的打造并不一定需要专业，关键是主人的用心，赋予了情感，哪怕只是一棵树，一朵花，都有了别样的美。

花园的造价大概不到整体装修的10%，但是大大地加分。

因为有花园，去年淡季和旺季平均的入住率在70%以上。

"先生的海"民宿是2018年国庆节开业的，陈大爷还记得第一波客人是浙江大学的教授，人文学院的院长，特别喜欢这里干净整洁，家的感觉，还有美丽的花园。

"客人的喜欢，也是一种鼓励。"陈大爷说。

遗憾是没有合适的管家，走不开。他们说："想去白鹭成群的湿地，两个人的旅行。"好浪漫！

最幸福的时候，是疫情期间没有客人，和家人朋友一起住在这里，独享整个花园和海滩。

最大的争执是：先生怕美丽姐太辛苦。

好吧，我又相信爱情了！

宽阔的草坪上，有两架秋千，坐于上面，仿佛一切烦恼都烟消云散

后记

因为土地拆迁，"先生的海"花园民宿已经在2021年夏天就拆除了，美丽姐哭着和我说，很舍不得，这里倾注着他们所有的心血和感情啊。不过，两个人相守相伴才是最重要的，他们也在看其他的机会，或许很快，在某一处海边，又会有全新的"先生的海"和"美丽姐的花园"了呢。

曾经，我拥有一个露台花园，在这里，我种下所有对花园的美好想象。

—*Jimmy* 吉米

台风摧枯拉朽后
一次次重生的美丽，
记吉米猫猫的高空露台花园

图文 | Jimmy　　**编辑** | 玛格丽特－颜

主人：Jimmy（吉米）
面积：260 平方米
坐标：广东中山

每一次台风过后，露台花园都像是经历了一场浩劫。吉米不屈不挠，一次次让花园重生，且变得更美。然而，自然也在教我们放手，有舍有得，适合的才是最美的。此文作为告别，那经历无数台风的梦田一隅，以及开启，一段全新的花园旅程。

软装和植物相互衬托，层次分明，不会显得凌乱

软装杂货搭配花园

　　因为广东炎热的气候，露台上种植难度也大，在最初设计花园的时候，我就把风格定为杂货花园。

　　我的概念中，杂货花园应该是软装和植物相互衬托。层次和色彩搭配尤其重要。

　　很多杂货花园布置得太满，什么都堆在一起，没有主次，容易显得凌乱。

　　确定花园的主色调，有节制地布置杂货，在植物的选择上也需要考虑形态和色彩的搭配。

　　我喜欢素雅的风格，花园整体基装以白色

加入一些蓝灰，植物绿色的叶片在四季都融在其中，花的色彩是点缀。在炎热的南方，这样的色调给人带来清凉。

　　露台整体是长条形的，入口布置了一个花境，类似玄关的性质。以白色栅栏为背景，水泥砖围出种花的区域，利用植物的高低搭配，是我想象中日式小花园的风格。丰富灵动而不杂乱。

　　蓝绿色格子的小木窗是我非常喜欢的布置，前面还搭配了铁艺花园椅。窗格上，红色

白色与蓝灰色调为主，绿色植物贯穿四季，点缀彩色的花朵，这种色调给夏日炎炎带来清凉

的三角梅一路盛开着绕上去，一旁是枝叶舒展的油橄榄，透过窗户，毛地黄和飞燕草，是春天跳跃的色彩。

杂货花园里，窗格的运用非常出彩。它可以做空间的隔断，又有透视，增加花园的景深和层次。而其本身又是一件绝妙的杂货。

一直很向往英式的自然风花园，把植物的自然之美，通过花园的视窗，发挥到极致。

在露台有限的空间里，我用木板抬高做汀步，中间留有10厘米左右的缝隙，种上低矮的荷兰菊和同瓣草，两侧种上了充满野趣的白色

蕾丝花，搭配蓝雪花的灿烂，黄昏时斑驳的光影投下，亦有了通幽小径的野趣。

植物色调以蓝色和白色为主。栅栏上攀援的是铁线莲'绿玉'。

露台上还有一个阳光房，是我布置各种小杂物的空间，也会根据心情剪些花儿插在瓶子里。阳光透过朦胧的纱帘照进来，如此温柔美好。

最爱下雨的时候，坐在这里发呆，听着园子里滴答的雨声，这一刻，就像是拥有了整个世界。

花园植物，合适的才是最好的

广东不太分明的四季限制了种花人很多的发挥空间，然而，我还是不死心，把喜欢的植物几乎都种了个遍。经过几年的试验，发现有些植物也能适应这里的气候，还有些不得不放弃。

顺应自然，合适的才是最好的，执意的强求只剩黯然神伤。

广东是没有冬天的，四季植物都茂盛葱绿。也因为没有冬天，很多需要休眠春化的植物就不能选择了，像喷雪花和绣球，第二年就不太会开花了。

月季在广东地区表现也不好，尤其是藤本月季，病虫害尤其多，经过了几轮尝试，最终我还是放弃了大面积种植月季。现在的露台只有几棵适应性比较好的灌木月季，虽然寥寥数朵，也算是我对玫瑰情有独钟的慰藉。

左 月季在广东地区表现不好，病虫害多，只选择几棵适应性比较好的灌木月季

右 广东没有冬天，四季植物都茂盛葱绿，花儿娇艳

小兔子与郁金香的组合，像是落入了爱丽丝梦游的那个仙境

朱顶红和三角梅很适合南方的气候，养护得当，花能开到审美疲劳

　　南方也有优势植物，比如不耐寒的三角梅，在广东就表现特别好。

　　它耐晒耐热耐旱，适当控水和施肥，可以常年花开不断，几乎要开到审美疲劳。'绿樱''红樱'和'白雪公主'三角梅是我最爱的几个品种。

　　露台上种了不少球根植物，要注意南方冬季低温不够，有些需要低温春化的秋植球根会长不好。郁金香要选择5度球，而不是自然球。

　　最喜欢的球根是朱顶红，很适合广东的气候，露台上充足的光照，这些朱顶红都开得特别好，我已经数不清多少品种了，还自己做杂交育种。

　　大多数铁线莲在广东表现不好，不过'幻紫'和'小绿'是例外，在我的露台花园开得特别好。'新幻紫'背后的是蓝花藤，我喜欢它如梦如幻的蓝色小花。

　　常常在花园里，浇水施肥修剪，一待就是一整天。

　　看花落花开，感受生命随光阴成长。

　　那徐徐清风送来的花香，是人世间最美好的滋味了。

有猫、有狗、有花园，还有源源不断的鲜切花，这是我向往的生活，已经实现

☰ 沉醉在花园四季梦田里

【春】春天的花园是最热闹的，开满姹紫嫣红的芬芳。

看着我的猫猫和狗狗们在花园里嬉闹玩耍，一切都那么和谐。

有时候我会忍不住羡慕它们，无忧无虑，享受着花园时光。

【夏】其实我蛮喜欢夏天。那明媚的骄阳，卖力鸣唱的知了，盛开的向日葵，还有那没完没了开花的蓝雪花。日子在这聒噪的夏日里绵长而悠远。

【秋】广东的秋炎热又干燥。这时候的花园在慢慢地复苏，菊花也准备登场。各种草花的播种工作也要准备起来。园丁很忙，没有时间忧伤，想花园有好状态，永远都有干不完的活。

【冬】广东的冬天不够冷，却偶尔也会有几天很寒冷。

依然会有花开着，包括月季、百合和大丽花。大丽花从秋天一直开到初夏，花期超长。还有百合在广东也能开花，只是要知道种植的时机，在合适的时候种下它们，它们就会以最好的花朵来回报你。

台风浩劫和花园重生

然而因为地处广东中山，又是32楼的高空，每年沿海的台风季节对露台花园都是一场浩劫。

2017年的那场台风"天鸽"，让我记忆犹新，花园遭受了毁灭性的重击。人类在大自然面前是多么的渺小。2018年又遭遇了另一场台风"山竹"，花园破碎凌乱，当时看着那些残花，破碎的杂物、花盆，内心的伤痛至今无法忘记，以为是世界末日。

我不再刻意地去规划和设计，把现成能修复的花架和杂物好好的利用起来，一点一点重建这个伊甸园，看着花园重生的样子，我满心欢喜。

其实，每一次台风之后，我都会重新估量，想方设法调整改进，尽量减少台风的危害。然而，大自然的威力，终究无法抗衡。

2020年7月，又一场强对流的台风正面袭来，美丽的花园瞬间被摧枯拉朽般毁灭了。一次又一次付出无数心血和

把现成能修复的花架和杂物好好利用起来，一点一点重建，看着花园重生的样子，我满心欢喜

艰辛修复和重建的露台花园啊！

　　台风过后，坐在废墟一般的花园里，看着眼前残破的景象和雨过天晴后的蓝天，我突然顿悟了"放下"，对自然存更敬畏和谦卑的心，不再负隅顽抗。如同花园里选择怎样的植物，有些需要舍弃，合适的才是最好的。

　　现在，露台花园已经搬空，在离家5公里的另一处450平方米的场地，我重新开始造园，开启一段新的花园旅程。唯一遗憾的是陪伴了我四年的猫猫"米奇"前不久离开去了喵星国。我多希望它可以看到全新的"猫猫花园"，有蝴蝶可以追，有草地可以打滚哦！

西双版纳的原生态乡野花园

图文｜小马哥　**编辑**｜玛格丽特－颜

在西双版纳的密布丛林间，有个"天空的花园"，我打小就生活在这里，果树都是父亲种下的，有菠萝蜜、杨桃等，妈妈年轻时种的团花树已经40米高。我开始做花园时，不管怎么折腾，都没有动过这些陪着我一起长大的果树，它们是父母用另一种方式在陪着我。而我，终究也会用这样的方式陪着我心爱的儿子。一代又一代，伴着园子的成长，也传承着家人的呵护。

天空的花园
主人：小马哥
面积：1000 平方米
坐标：云南西双版纳

留白才精彩

园子约1000平方米，大部分区域是原生的果树和一些旅人蕉等热带植物，这些我都保留了原来的模样，当成了花园的背景和骨架。

利用园中空白的位置，打造了前院和草坪区，砌了矮墙和原生态的树林间做了隔断，东侧做了几个花池，种些我喜欢的草花。

【 草坪区 】

若以整个园子大的地形来说，屋侧面是中心点。这里的处理很简单，做了一块圆形的草坪，种了肾蕨做边缘植物，和旁边高大的热带植物做过渡。草坪区搭了廊架，就种了棵风车茉莉，毕竟，绿绿的草坪上一架白色的小花已经足够浪漫。

12米的残墙，让此处花园带着淡淡的怀旧感，很出片哦

have a great day.

已经有二十多年的蛋黄果树，下面是就餐区，可方便采摘成熟的果子

【前院】

前院是花园的重点，我也是利用本来的大树，搭配一些阔叶植物，充满热带风情的背景。院中一棵蛋黄果已经二十多年了，每年它都给我们带来丰盛的收获。挨着果树做了段12米的残墙。长了青苔的残墙让花园带着淡淡的怀旧感，拍照特别出片。

西双版纳的密林里，相对光照不是很充足，所以留些草坪，植物也不能种太密，空旷的空间让阳光更多地照进来，远眺周围的大树，整体疏密有致。

花园要留白，很多时候，人生也需要留白。

作为几年国际连锁酒店的绿化负责人让我深知，现在的人工很贵，花园越精致，需要打理付出的代价也越大。在每个人都忙碌奔波的现代社会，一个自然的低维护的花园才是生活的本真。不要让花园羁绊住我们的双手，留出更多的时间，我们才能每日享受着花朵的芬芳，在自然里得到宁静和疗愈。

围墙上的蓝花藤开得如梦似幻，美得如梦中的画面

热带丛林里的生态花园

版纳属10区，夏季绵长且高温高湿，前几年跟风一些"花园大神"的步伐栽培的欧洲月季、铁线莲，绝大部分都没能存活下来。在买够了经验以后，现在的花园植物除了少许满足我这个种植爱好者的尝试之外，绝大部分以本土耐热的植物为主。

版纳的植物资源非常丰富，很多外地花友不能种的植物，在"天空的花园"里反而很寻常。像嘉兰百合，就是版纳原产的，我种了很多，枝蔓茂盛，开满花。我还种了老虎须，非常酷的黑色花，花期很长。姜花很雅致，香味浓郁持久，傣家妇女用来插头上。瓷玫瑰非常艳丽，单朵花期很长，是切花的好材质。还有各种大叶的蕉类植物，当太阳光透过树梢，射在摇动的芭蕉叶上时，清凉的气息扑面而来。

围墙上，种下三年的蓝花藤开得如梦似幻，美得如梦中的画面。

北墙外，我还种了许多树，热带有很多开花的树。经过几年的沉淀，树都长起来，开起花来很壮观。4月，弯子木金色的花朵吧嗒吧嗒地落下。6月，大叶紫薇开得灿若云霞。此起彼落间，这些树从春天一直开到冬天，成了花园最好的背景画面。

花园外围种些树是明智之举，不仅有了绿色的背景，花开的时候也是一道风景，最重要的是管理上要简单得多，几乎不需要养护。自从爱上了本地植物，花园植物的选择就简单得多。

暴晒的地方，就用蓝雪花、蕾丝金露花、三角梅，花期长，花量大；荫生区就种肾蕨、竹芋；马蹄金可以代替草坪。

阳光透过肾蕨倾泻而下

花园里还有不少盆栽，考虑到10区的气候，盆栽尽量用大盆，越大越好，能对抗阳光的暴晒。另外还要顾及漫长的雨季，所以，土里颗粒一定要多，能增加滤水。我就用公路边上的风化石，好用还富含矿物质。用它来种植三角梅，方便控水更容易爆花。

随着适合版纳气候的本土植物的增加，花园的打理也变得简单了许多。

不过植物太过茂盛，很多空间又回归了半野生化，但对于野生动物来说，却很欢喜。竹梢上年年都有小鸟来做窝，儿时常见的昆虫小动物又回来了。夜里，常常能看见树蛙，仔细去看它，超级大的眼睛好萌啊。树蛙是版纳标志性的物种，它的生存对环境的要求很苛刻。我已经很多年没见过树蛙了，它的归来，标志着乡野花园的小环境生态已经达标了。

此处都是些组合盆栽，花色丰富艳丽，易挪动好打理，可随时进行新的组合搭配，换个场景换个心情

 **乡野花园的格调**

乡下是找不到人做花园施工的，所以造园都得自己动手，硬件上只能化繁为简，尽量简单。围栏、园路、木台拱门，用的都是就手能找到的红砖、石头、原木等材料，简约风，整体也符合乡野花园随性散漫的氛围。

最开始，进门处用红砖做了个圆形区域的硬化，这区域可以让人有个简单的停留。为了突出地面的圆形，我放了几个圆形的大卵石，搭配了几株球形植物。

路旁围墙上爬了棵红花西番莲，缠绕的藤蔓中挑了个窗台，搭了浅蓝色的木窗，窗台上的小盆栽丰富了园艺氛围。

前院里用红砖铺地，做了约30平方米的硬化，侧面做了块挑高40厘米的木平台，形成落差且有了区域分隔，盆栽植物主要放在这里。

原计划在木平台上做个廊架的，刚好在网上看见杨丽萍曼陀罗树下吃火锅上了热搜，她身后开满花的曼陀罗给了我灵感，它茂盛的枝叶和悬垂的花朵，或许可以代替廊架的效果。于是我在院墙外种了个曼陀罗小苗。曼陀罗是热带植物，在版纳长得极快，第二年，它就长高并开花了，开得像一片绯色的祥云飘在木台上，美得一如它的名字极具诱惑力。现在这棵曼陀罗已经妥妥地成了前院的"C"位。

30米长的残墙，与前院相呼应

朋友小聚用餐都在前院，因有了花香而让用餐气氛与众不同，虽是粗茶淡饭，仿佛也充满了诗意。

北角做了和前院呼应的残墙，这段30米的墙做成了拱门木门相连的群落。

紧接着在门前做了石笼长条桌椅，黄昏时，常在这闲坐一会儿。

不知不觉，建园到现在已经快十年了，这期间，我从一个毛头小子变得两鬓斑白。我用时间和梦想堆积起来的乡野花园也已经出落得有模有样。

花园做得很粗糙，很乡野，然而，因这一方小院，天空都变得不一样了。

我把它叫做"天空的花园"，天空是我家，花园也是我家。

布丁花园，
一半自己动手，一半交给自然

图文 | cici　**编辑** | 玛格丽特 - 颜

主人：cici
面积：15 亩地（逐步打理中）
坐标：南半球布村

虽然每天都有干不完的活，然而亲自动手的乐趣，大自然的慷慨馈赠，在这个疫情肆虐的时代，生活依然如此热爱。

> 这里每家屋外都有大院子，邻居之间没有围墙隔开，经常有鹿群和袋鼠走家串户后院溜达。透过草坪的大榕树，可以看到邻居家的大池塘，夕阳下金灿灿的，野鸭白鹭成群结队地在这里嬉戏，住在后面山顶的邻居习惯了每次割草机开下来都顺带把我家后院的松树林割了。
>
> —园主：cici

小桥深处有人家　　　　　　　　定格在暖阳下的小木门　　　　　　　微风一过，花草
　　　　　　　　　　　　　　　　　　　　　　　　　　　　　　　　也会跟着开心

南半球的大花园

　　房子是澳洲典型的独立住宅，院子的面积非常大。

　　入口在前院，西侧和后院以大树和草坪为主，一条水泥园路通往后院，一路下坡到花园、菜园和果园。

　　木平台休闲区和室内客厅连在一起，视线中就是后院约1000平方米的主草坪，草坪平整开阔，远处的树林高耸笔直。

　　另一侧是为孩子们布置的儿童游乐区，铺了假草皮，有滑梯和秋千，最近我迷上了跳蹦蹦床减肥。

　　院子的西侧有一排蓝花楹的大树，喜欢它们春天的漫天紫花雨和冬天的满地金黄毯。

　　花园区主要在西侧路的两边。尽头是圆形的花坛。

　　左侧花园休闲区，地面是用砖块铺设的，围上了水泥栏杆，放了白色桌椅，周围是紫色的薰衣草。

　　从这里穿过黄玫瑰白拱形架，顺着石头台阶下去，走过晃晃悠悠的小木桥，水池里的荷叶已经干了，野鸭子一家几口偶尔来光顾。

　　小木桥尽头是自创杂物花境墙，傍晚时刻夕阳西下一杯咖啡一本书，无论是花境墙前小摇椅摇摇，还是休闲区椅子上坐坐，或者不远处白色吊篮里晃晃，快乐一下午就这么悄然而过。

　　每天最惬意最享受的就是迎着朝阳伴着花香鸟鸣在院子里巡视，一圈下来顺手摘点桑葚或野生番茄不洗就直接吃了，偶尔晨雾中还能看到袋鼠或鹿群，惊见我来他们通常会停下来，对视几秒钟再跑开。

红铁架与绿叶的组合永不过时　　　　　叶下乘凉

自己动手，捡破烂造园

澳洲的人工不但贵还很抢手，所以除了重活累活技术活请工人外，花园基本都是照着个性喜好、本着享受过程自己动手，一个花境一个花坛地慢慢搞起来的。

第一年前院围了铁栅栏、安了铁大门、做了水泥道、垒了挡土墙，还铺了新草地。

第二第三年在后院移了小木屋、砌了比萨炉、铺了小园路、栽了熏衣草、盖了小鸡窝、围了蔬菜园，还种了些果树。

东侧花园刚刚添了户外厨房和火坑，木头线轮子买回家一直没用在车库里放了五年了，后来加了四个轮子摇身一变就是超级有感觉的户外桌，彩灯一亮、音乐一响、篝火一燃、烤串儿一烤、沙发一躺，妥妥的惬意。上周末闺女的一帮同学来派对，都特别钟爱这个角落，吃着烤串听着夸奖，顿时感觉多年的汗水都被升华了。

虽然人工很贵，但是在澳洲也有好处，比如经常有免费的花草和旧物，一个短信或电话约好时间就可以上门免费去挖和拿。最初入场十几盆玫瑰老桩和三角梅都是别人家免费给的，国内卖得特别贵的紫色大葱花免费拉了一拖车回来。

一年一度社区扔大垃圾的机会，还可以捡一些桌子椅子以及小推车玩具车等，回来简单改造一下或者涂个颜色，种上植物就是别具一格的创意布置。

最近我还捡了很多木渣回来，铺在大榕树下，琢磨着要不要建个树屋再建个木桥或者铁索桥通到坡上的杧果树上。

花园的建设只有开始，没有结束。

我喜欢这个过程，自己动手、乐趣无穷。隔一段时间有朋来访都禁不住惊喜和感叹："哇，又添新创意了！"便觉得很有成就感。

被自然选择下来的绿色生命

黄灿灿的一片，像萤火虫一般

把花园交给大自然

花园的面积太大，顾不过来，更重要的是心疼水费。所以花园里基本都是好养耐旱，不管不问随便一插就活的植物。那些娇气的绣球之类的植物死了就自然淘汰，也没再种。

几棵三角梅老桩是被朋友嫌弃从其家门口挖回来的，几年下来已经爬满了主草坪右后角的10米拱形长廊，四季常绿花开起来甚是壮观。

龙舌兰给点地方就泛滥，硬生生把我的小木船给挤爆了。

鸡蛋花在这里长得很好，冬天叶子落光后的枝条也很耐看。

天堂鸟从十几棵丛生到几十棵，全靠天养不浇水不施肥依旧花开不断。

万寿菊和波斯菊每年自生自灭，种子落哪里就哪里长哪里开花，一开就是金黄一片。

小路边的黄杨都是我扦插的小苗，下地后长得很快，金灿灿的。

熏衣草不断扦插，几棵变成了几十棵，围绕草坪种了一大圈。

4棵狐狸尾棕榈树和6棵扇叶棕树都是从种子发的，好几年了才长了一米多高，配上几大丛白色大姜花，彩叶草，龟背竹和竹芋花等，围了花坛铺了小路，希望能打造一个热带雨林花园角落。

果园，几乎不浇水施肥纯粹靠天养，前几批高价买的果树所剩无几，活下来的十几棵都

清风、斜阳、红砖小路与淡黄的木椅

是坚强者。还好几棵橘子、柚子、桃子、柿子很强健，每年都有丰收。种的番石榴今年第一次结果了！还有几棵是从种子培育的，如果不嫁接估计等到猴年马月才能开花结果。

我还有个交给大自然的菜园子，只有韭菜会被偶尔照顾，扁豆和丝瓜都纯靠天养，野生小番茄，种子会落到各处，一年又一年，瓜果成熟的季节会到处找果实摘，总是满满的收获。

岁月匆匆，幸得一园相伴。

路漫漫其修远兮，

不用上下求索，只需撸起袖子干，

静等花开烂漫，

此生不虚度，感恩每一天。

花园时光系列书店

欢迎关注中国林业出版社天猫旗舰店、自然书馆

中国林业出版社
天猫旗舰店

中国林业出版社
自然书馆

小鹅通
数字书店